시간 여행을 위한 최소한의 물리학

세계적인 과학
커뮤니케이터가 알려주는
시간에 대한
10가지 이야기

콜린 스튜어트Colin Stuart 지음
김노경 옮김
지웅배 감수

미래의창

아서에게,

드디어 네가 있는 시공간의 영역에

도달하게 되어 너무나 행복하구나.

증손주들에게,

놀러 오렴. 간식 준비해놓을게.

프롤로그

물리학자의 시선으로 본 시간

우리가 매일 손목에 차고, 벽에 걸어놓는 것이 있습니다. 우리는 촛불을 켜고 불꽃놀이를 감상하며 이것의 흐름을 기념합니다. 이것은 우리 얼굴에 주름을 남기기도 합니다. 우리는 이것을 낭비하기도 하고 때우기도 합니다. 소비하기도 하고 절약하기도 합니다. 이것을 지킬 수도 있고 잃어버릴 수도 있습니다. 그것은 바로 '시간'입니다.

인간은 시간에 집착합니다. 'Time(시간)'은 영어에서 가장 많이 사용되는 명사라고 합니다. 시간은 문제를 해결해줍니다. 시간은 아무도 기다려주지 않습니다. 시간은 상한 마음을 치유해줍니다. 행복한 순간에는 눈 깜짝할 사이에 날아가 버리기도 합니다. 사람들은 늘 시간이 부족하다며 아쉬워합니다. 하지만 막상 '시간'에 대해 평소 얼마나 자주 생각해보셨나요? 다른 사람에게 '시간'이 무엇인지 정확히 설명해보려 한 적이 있나요? 아마 시간을 말로 표현하려고 할 때마다 마치 물을 손으로 쥐는 것처럼 무언가 손 틈 사이로 빠져나가는 듯한 느낌을 받았을 겁니다.

성 어거스틴이라는 이름으로 더 익숙한 로마의 철학자 히포의 아우구스티누스는 시간을 이렇게 표현했습니다.

> 시간이란 무엇인가? 아무도 나에게 묻지 않을 때는 잘 알고 있는 것 같은데, 막상 설명하려 하면 모르겠다.

여러분이 지금 읽고 있는 책은 제가 물리학자의 관점에서 시간을 설명하고자 노력한 흔적입니다. 여러분도 곧 느끼게 되겠지만, 시간은 과학계의 가장 오래된 불가사의이며, 인간이 경험하는 모든 것 가운데 가장 오래된 신비이기도 합니다. 이 책에서 우리는 수천 년 전 인간이 처음 시간을 측정하기 시작한 때부터 현대 물리학 연구의 최전선으로까지 여행할 것입니다. 시간이 어떻게 느려지기도 하고 빨라지기도 하고 멈추기도 하는지 알게 될 겁니다. 시간을 여행하여 과거의 자신을 만나는 방법을 알게 되고, 어쩌면 시간은 존재하지 않을 수도 있다는 사실을 발견하게 될 것입니다.

저명한 물리학자 리처드 파인만은 물리학 법칙을 해독하는 일을 체스 게임에 비유했습니다. 다만, 일반 체스와는 달리 우리는 한 번에 모든 말을 볼 수 없고, 그 누구도 게임의 규칙을 알려주지 않습니다. 우리는 스스로 그 규칙을 알아내야 합니다. 경험이나 실험을 통해 알아낸 지식과 종종 게임판을 흘끗 훔쳐

보며 캐낸 정보 조각들을 조합해서 말이죠. 우리 인류는 수천 년 동안 이 세상에 존재했지만, 그 오랜 세월의 대부분인 불과 몇백 년 전까지 체스판의 작은 구석에서 아주 제한된 수의 움직임만 볼 수 있었습니다. 이러한 제한적 경험으로 인해 인간은 시간을 특정한 방식으로 이해하게 되었고, 그 관념은 확고하게 자리 잡게 되었습니다. 그러나 그 관념은 틀렸습니다. 물리학자들은 의심할 여지없이 시간이 우리가 생각한 방식으로 작동하지 않는다는 것을 보여주었습니다.

우리의 옛 조상들을 떠올려보면, 자기가 태어난 동네를 떠나는 일은 매우 드물었고, 외국으로 여행하는 일은 더욱 흔치 않았습니다. 우리가 평생 알고 자라온 작은 세상의 바깥으로 여행해보면, 세상엔 우리 눈에 보이는 것보다 훨씬 더 많고 다양한 것들이 있다는 걸 깨닫게 됩니다. 이전에는 상상할 수 없었던 문화와 언어와 사상들, 그동안 아무도 말해주지 않던 경이로운 것들 말이죠. 그러나 시간에 있어서는 대부분이 우리의 작은 정신적 마을을 떠나보지 못했습니다. 알베르트 아인슈타인이 상대성이론을 세상에 선물한 이후로 지난 100년 동안 이루어진 물리학의 놀라운 발전은 시간에 관한 그림을 조금 더 완성해주었습니다.

청소년기에 이러한 개념을 다룬 책을 읽고 제 인생이 바뀌었습니다. 그때부터 물리학 말고는 아무것도 공부하고 싶지 않았습니다. 그저 조금 더 알고 싶은 마음뿐이었습니다. 물리학이란 과목이 학교 수업시간에 배운 지루한 회로와 지렛대 이야기보다 훨씬 더 넓고 깊다는 걸 깨달았습니다. 지난 12년 동안 시간과 공간에 관해 글을 쓰고 강연을 해온 이유는 제가 그때 느꼈던 감동과 깨달음의 순간을 사람들과 나누고 싶었기 때문입니다. 그럴 때마다 사람들의 입이 놀라 떡 벌어지는 것을 보기도 하고, 자신이 한평생 믿어왔고 정들어버린 시간에 관한 고정관념을 포기하기를 주저하는 모습도 보았습니다.

이러한 개념을 처음 접하는 건 마치 심부조직 마

사지(근육 조직의 심부층까지 풀어주는 마사지)를 받는 것과도 같습니다. 처음에는 낯설고 불편할 수 있지만, 받고 나면 후회하진 않을 겁니다. 지금껏 시간에 대해 알고 있다고 생각했던 모든 고정관념을 잊어버리고 이 이야기들을 접한다면, 여러분도 저처럼 물리학과 사랑에 빠지게 될 테니까요.

차례

1장

지구는 형편없는 시계다

시간의 탄생

1967년에 인류는 아예 지구를
시계로 사용하지 않기로 했다.
이제 1초를 정의할 때는 우주를 구성하는
작은 요소인 원자를 기준으로 삼는다.

물 밖에서 관중들이 응원하는 소리가 네이선 에이드리언 선수에게 먹먹히 들려왔다. 그는 수영장의 결승점에 제일 먼저 도달하기 위해 전력을 다하고 있었다. 옆 레인에는 '미사일'이라는 별명을 가진 유력한 우승 후보, 호주의 제임스 매그너슨 선수가 있었다. 막상막하인 두 선수의 손이 거의 동시에 벽면에 닿았다. 곧 결과가 발표되었다. 미국의 에이드리언 선수가 0.01초의 차이로 우승을 차지했다.

2012년 올림픽 남자 자유형 100m 부문 결승전의 극적인 결말은 인간이 얼마나 점점 더 작은 단위까지 시간을 쪼개고 있는지를 보여준다. 100분의 1초에 불과한 찰나의 순간이 금메달과 은메달을 판가름했다. 그리고 이런 짧은 순간의 차이가 누군가에겐 큰 돈을 가져다주기도 한다.

2009년, 시카고와 뉴욕의 증권 거래소 사이에 약

1,300km 길이의 지하 케이블이 설치되었다. 거의 1억 8,000만 달러에 달하는 큰 비용이 들었지만, 케이블을 설치한 목적은 고작 두 거래소 사이의 거래 정보 전송 시간을 0.000004초 단축하기 위함이었다. 아주 미세한 차이에 불과했지만, 이로 인해 연간 수익은 120억 파운드(약 20조 원)나 늘었다. 금융업에서 시간은 말 그대로 돈이다.

변화하는 시간의 단위

우리 조상들이 끊임없이 이어지는 시간의 흐름을 여러 덩어리로 나눠 구분하기로 결정했을 때만 해도 이렇게까지 세세한 단위의 구분은 필요하지 않았다. 실제로 시계 분침은 1680년대에서야 최초로 등장했고 초침은 그로부터 10년 후에 생겨났다. 옛사람들은 하늘의 변화를 바탕으로 시간 체계를 만들었다. 일출과 다음 일출의 간격을 하루로 정하고, 하루는 시, 분, 초로 나누었다(분과 초는 원래 영어로 '첫 번째 분'과 '두 번째 분'이라고 불렸다. 그래서 '두 번째 분second minutes'이 줄어들어 지금의 '초seconds'가 되었다).

7번의 하루를 묶어 일주일로 정했고, 각 요일의 이름은 하늘에 보이는 7개 천체의 이름을 따서 지었다(토성Saturn에서 따온 토요일Saturday, 태양Sun에서 따온 일요일Sunday, 달Moon에서 따온 월요일Monday 등).✦ 한 '달'은 달이 차고 이지러지는 위상 주기를 반복하기까지 걸리는 시간이다. 계절의 패턴은 365일(즉 1년)마다 반복된다. 지구가 태양을 공전하는 데 걸리는 시간이다. 따라서 누군가의 생일이란 우리와 가장 가까운 별인 태양 주위를 약 10억 km 달려 한 바퀴 완주한 것을 기념하는 날이라 할 수 있다.

그러나 이 고대의 시간 체계는 현대 디지털 시대

✦ 나머지 요일의 영어 이름은 북유럽 노르드 신화의 영향을 받았다(예를 들어 목요일을 뜻하는 'Thursday'는 '토르의 날'이다). 프랑스어처럼 라틴어에서 분화된 언어의 경우 행성에서 유래한 요일 이름이 많다.
프랑스어로 화요일은 Mardi(화성Mars), 수요일은 Mercredi(수성Mercury), 목요일은 Jeudi(목성Jupiter), 금요일은 Vendredi(금성Venus)이다.

의 무게에 짓눌려 삐걱거리게 되었다. 우리 지구가 시계로서 너무 형편없기 때문이다. 지구의 자전 속도가 변할 수 있다는 것이 문제의 핵심이다. '하루'는 지구가 자전축을 중심으로 한 번 자전하여 태양이 하늘의 같은 지점으로 돌아오는 데 걸리는 시간이다. 하지만 지구의 자전 속도는 전혀 일정하지 않다.

조금씩 달라지는 하루의 길이

2011년 태평양에서 규모 9.1의 지진이 발생했다. 이 지진은 40m 높이까지 치솟은 거대한 해일을 만들었으며, 일본을 덮쳐 1만 명 이상의 목숨을 앗아가고, 수십만 채가 넘는 건물을 무너뜨렸다. 후쿠시마 원자력 발전소에서는 3기의 원자로가 녹아내려 체르노빌 이후 최악의 원전 사고가 일어났다. 일본에서 가장 큰 섬인 혼슈섬 전체가 2m 이상 움직일 만큼 강력한 지진이었다. 그리고 이 지진으로 하루의 길이가 조금 짧아졌다. 지진의 힘이 지구의 자전 속도를 빨라지게 만들어 하루의 길이가 180만 분의 1초만큼 줄어든 것이다. 2010년 칠레 대지진과 2004년 수마트라 대지진 때도 하루 길이가 비슷한 정도로 짧아졌다.

달의 중력도 하루의 길이에 큰 영향을 미친다. 달이 지구를 끌어당기는 힘 때문에 달에 제일 가까이 있는 지구 표면에는 거대한 물 더미가 솟아오른다. 이 지역 해안에 사는 사람은 누구나 만조를 경험한다. 달이 최선을 다해 이 조석 팽대부tidal bulge(조석력을 받는 지구면이 약간 부풀어 솟아오르는 것-옮긴이)를 제자리에 유지하려고 하는 동안 지구는 그 아래에서 자전하고 있다. 해변에 서서 썰물이 지고 있는 모습을 보면 분명히 바다가 모래사장으로부터 멀리 도망가고 있는 것처럼 보인다. 그러나 실은 그 반대다. 지구가 자전하면서 당신과 해안선이 달의 중력으로 모인 물 덩어리로부터 멀어지는 쪽으로 움직이게 되는 것이다.

지구가 조석 팽대부 아래에서 자전하기 위해 고

군분투하는 동안 자전 속도를 조금 잃으면서 하루가 더 길어진다. 이렇게 서서히 하지만 조금씩 이어지는 효과로 인해 지금도 하루의 길이가 100년마다 0.0017초씩 길어지고 있다. 별것 아닌 차이 같지만, 티끌도 모으면 태산이 된다. 4억 3,000만 년 전에는 하루의 길이가 21시간도 채 안 되었고, 1년 동안 365번이 아닌 420번이나 해가 떠올랐다. 단순한 추측이 아니다. 산호 화석에 증거가 있다. 산호의 골격을 구성하는 탄산칼슘은 산호가 성장하면서 매일 줄무늬처럼 쌓인다. 산호는 우기보다 건기에 더 많이 자란다. 즉, 이 성장선들은 나무의 나이테처럼 매년 반복되는 패턴을 이루는데, 각 블록에 420개의 성장선이 있다. 1년이 420일이었다는 의미다.

1초의 정의

지구가 불완전한 시계라는 점은 우리가 1초를 어떻

게 정의할지에 있어 심각한 문제가 된다. 예전에는 24시간은 8만 6,400초이니 1초를 단순히 하루의 8만 6,400분의 1로 정의했다. 그러나 하루의 길이가 변할 수 있다면, 1초의 길이도 변할 수 있다. 어제의 1초보다 오늘의 1초가 더 짧거나 길 수도 있다는 뜻이다. 그런데 컴퓨터가 널리 보급되면서 모든 컴퓨터가 같은 시간 시스템을 사용할 필요가 생겼다. '1초'를 표준화할 필요가 생긴 것이다. 1956년에 과학자들은 지구의 자전보다 공전이 좀 더 안정적이므로, 1초를 하루가 아닌 1년을 기준으로 재정의했다. 그렇게 1초는 1년의 3,155만 6,925.9747분의 1로 정의되었다. 아무 1년을 나눈 것도 아니고, 정확히 서기 1900년 해의 길이를 기준으로 했다. 1년의 길이도 조금씩 달라서 하나를 선택해야 했기 때문이다. 하지만 이것도 최종 결정은 아니었다. 11년 후인 1967년에 인류는 아예 지구를 시계로 사용하지 않기로 했다.

이제 1초를 정의할 때는 우주를 구성하는 작은 요소인 원자를 기준으로 삼는다. 원자는 매우 작다. 대

서양 전체의 물을 뜨는 데 필요한 티스푼의 개수보다 물 한 티스푼 속에 들어 있는 원자 수가 더 많다. 원자를 머릿속에 그리는 가장 간단한 방법은 태양계의 축소판이라고 상상하는 것이다. 가운데에 있는 핵은 태양과 비슷하다. 행성이 태양 주위를 맴돌 듯이 전자는 핵을 맴돌고 있다. 이 전자들은 정해진 궤도만 차지할 수 있는데, 이걸 물리학자들은 '에너지 준위energy level'라고 한다. 이러한 에너지 준위 중 가장 낮은 에너지 준위(핵 주위의 가장 좁은 궤도)를 '바닥 상태ground state'라고 한다. 에너지 준위는 종종 물리학자들이 '미세 구조fine structure'와 '초미세 구조hyperfine structure'라고 부르는 여러 별개의 층으로 나눠진다. 전자는 한 에너지 준위에서 낮은 에너지 준위로 떨어질 때 그 에너지를 복사radiation한다.

이 모든 것을 종합하면 국제도량형위원회International Committee of Weights and Measures가 1967년 13차 공식 회의에서 채택한 1초의 현대적 정의에 도달한다. 긴장하시라, 읽기 힘들 정도로 내용이 기니까!

> 1초는 세슘-133 원자가 바닥 상태에 있는 2개의 초미세 에너지 준위 사이를 전이할 때 나오는 빛이 91억 9,263만 1,770번 진동하는 데 걸리는 시간이다.

2019년에 이 문구가 약간 수정되긴 했지만, 내용은 그대로 유지되었다.

어긋난 시간을 바로잡는 윤초와 윤년

다행히도 이 모든 일이 비교적 조용히 진행되어서 일반 대중은 1초의 정의가 바뀐 것도 거의 모르고 지나갔지만, 때로는 이런 시간의 문제가 우리가 알아차릴 정도로 크게 대두되기도 한다. 두 가지의 시간 체계(원자 시간과 태양 시간)를 사용하면서 생겨난 '윤초'라는 개념 때문이다. 세슘을 기반으로 한 원자시계는 몇억 년이 지나서야 1초 정도의 오차가 생기지만, 지구는 더 불안정한 시계여서 시간이 흐를수록 원자 시간과 태양 시간의 차이는 점점 커진다. 그러므로 두 시간 체계를 다시 일치시키기 위해 가끔씩 1초를 추가해야 한다. 2005년, 2008년, 2016년의 마지막 1분은 각각 61초였다. 이 책을 집필하고 있는 시점을 기준으로는 1972년에 첫 윤초가 추가된 이후로 27번 추가되었다. 1972년에는 6월과 12월에 윤초가 추가되어 2초가 더 길어졌다. 윤초로 두 시간 체계를 조정하지 않고 계속 두면 언젠가는 한밤중에도 시계가 낮 12시를 가리키는 황당한 상황에 이르게 될 것이다.

우리는 이미 윤년이라는 개념을 통해 이런 체계를 익숙하게 받아들이고 있다. 오늘날 우리는 1년을 365일이라고 하지만, 지구가 실제로 태양을 한 바퀴 도는 데는 평균 365.2425일이 걸린다. 누락된 0.2425일을 채우기 위해 4년마다 2월에 하루를 추가해야 한다. 그러지 않으면 매년 계절이 조금씩 변해서 결국 북반구에 6월에는 겨울이 오고, 12월에는 여름이 오는 지경에 이르게 될 것이다. 1582년에 교황

그레고리우스 13세가 도입한 이 체계는 그의 이름을 따서 그레고리력이라고 불린다. 그 이전의 유럽 국가들은 윤달 없이 365일을 사용했던 율리우스력(율리우스 카이사르가 기원전 46년에 제정)에 의존했다. 1751년에 영국은 계절이 밀리는 현상을 막기 위해 새 달력으로 전환했고, 그로 인해 그해는 불과 282일 만에 갑자기 끝나게 되었다. 그리고 그 후 나머지 유럽 지역과 시간을 동기화하고 기존에 밀린 계절을 원상 복귀하기 위해 1752년에서 11일을 뺐다. 9월 2일 수요일 다음날이 9월 14일 목요일이 된 것이다. 그 사이에 생일이 있었던 사람에게는 안타까운 일이었겠지만 말이다.

2장

암석에 남은 시간의 흔적

지구와 우주의 나이

지구의 역사 중 인간이 존재한 건
겨우 30만 년 정도다. 지구가 지내온 45억 4,000만 년의
시간을 24시간으로 압축하면, 지금의 인류가
나타난 건 자정이 되기 6초 전에 해당한다.

어느 고고학자들이 고대 인류의 단서를 찾기 위해 불가리아 드리아노보강의 어둡고 축축한 동굴을 1cm 간격으로 샅샅이 뒤지고 있었다. 그리고 얼마 후 그들은 마침내 엄청난 것을 발견했다. 사람의 치아였다. 더 자세히 보니 인간의 뼈 6개, 곰 이빨로 만든 목걸이, 그리고 도살의 흔적이 분명한 동물 뼈도 있었다. 이러한 흔적을 보면 이들이 그곳에 얼마나 오래 있었는지 궁금해진다. 우리와 과거의 관계는 고정적이지 않다. 오래 살수록 우리의 기억은 더 희미해지기 때문에 인류는 역사를 보존하는 더 나은 방법을 발명해왔다.

인류 최초의 영화는 1888년 영국 리즈에 있는 라운드헤이 공원에서 녹화된 2.1초짜리 영상이다. 그다음 해에는 당시 미국 대통령이었던 벤저민 해리슨이 36초짜리 클립에 자신의 목소리를 녹음했다. 이로써 그는 자기 목소리를 녹음하고 보관한 최초의 미국 대통령이 되었다. 세계 최초의 사진은 1826년에 탄생했다. 조제프 니세포르 니엡스가 프랑스 부르고뉴에 있는 자기 집 위층 창에서 찍은 바깥 풍경 사진이다.

이런 혁신적인 발명이 탄생하기 전에 일어난 중요한 사건들은 글과 문자 기록으로 알 수 있다. 하지만 이것도 아주 먼 과거까지 알려주지는 못한다. 세계 최초의 문자 체계로 널리 알려진 쐐기 문자(설형 문자라고도 한다)는 약 5,000년 전에 메소포타미아(지금의 이라크)에서 고안되었다. 인류가 기록하기 전의 지구는 어땠을까? 인류는 언제 처음 등장했을까? 인류가 탄생하기 전에 지구는 얼마나 더 오랫동안 존재했던 걸까? 고고학자들이 불가리아 동굴에서 증거를 찾아다니게 된 것도 이처럼 꾸준히 이어지고 있는 매력적인 질문 때문이다.

고고학자들이 실험실로 돌아와 유물을 분석한 결과, 동굴에서 발견된 치아는 4만 4,000~4만 6,000년 전의 것으로 추정되었다. 이 연구 결과는 2020년

5월에 발표되었는데, 이는 당시 유럽에서 발견된 인간의 유해 중 가장 오래된 것이었다. 이런 흔적들은 인류 초기의 선조들이 처음으로 아프리카에서 이주하여 세계의 거대한 대륙으로 퍼져나가던 시기의 모습을 예상하는 데 도움을 준다. 그런데 그 치아가 얼마나 오래된 것인지는 어떻게 알 수 있었을까? 그 답은 방사능에 있다.

탄소를 활용한 연대 측정법

방사능을 이해하려면, 앞 장에서 다룬 것보다 더 깊이 원자의 내부로 들어가야 한다. 복습하자면, 원자는 중심부에 있는 핵과 그 핵 주위를 도는 전자로 이루어져 있다. 원자핵은 양성자proton와 중성자neutron라는 입자로 구성되어 있다. 모든 원자는 양성자와 중성자 수가 동일한 안정적인 상태를 유지하려 하지만, 어떤 원자들은 중성자가 너무 많아서 무겁고 불안정하다. 탄소를 예로 들어보자. 이 세상에 존재하는 대부분의 탄소는 탄소-12다. 여기서 숫자 '12'는 핵에 있는 입자의 개수를 말한다. 즉, 탄소-12는 양성자 6개와 중성자 6개로 구성되어 있다. 탄소-12는 안정적인 형태이지만, 훨씬 더 희귀한 형태의 탄소도 있다. 탄소-14는 중성자가 2개 더 있어 불안정하다. 탄소-14는 가지고 있는 중성자 중 하나를 양성자로 바꿈으로써 안정적인 질소-14(양성자 7개, 중성자 7개)의 형태로 바뀔 수 있다. 이런 현상을 '붕괴'한다고 표현한다. 이때 과학자들은 원래의 핵을 모핵이라고 하고 새로 바뀐 핵을 딸핵이라고 지칭한다.

만약 탄소-14가 1g 있다고 가정해보자. 이 안에는 43×10^{21}개의 탄소-14 원자가 들어 있다. 탄소 원자에 관한 과학적 지식을 바탕으로 생각해볼 때, 우리는 정확히 어떤 원자가 붕괴하는지는 알 수 없지만, 전체 탄소-14 원자들 중 절반이 질소-14로 붕괴하는 데 얼만큼의 시간이 걸리는지는 이야기할 수 있다. 그 답은 5,730년이다. 이를 '반감기half-life'라고 한다. 5,730년이 지날 때마다 탄소-14 원자 수는 절반으로 줄어든다. 1만 1,460년(반감기 2회)이 지나면 원래 원자의 4분의 1이 남으며, 또 한 번 반감기가 지나면 8분의 1만 남는다. 고고학자들은 불가리아 동굴에서 발견된 치아에 들어 있는 탄소-14의 양을 조심스럽게 측정하여, 그 치아가 4만 4,000~4만 6,000년 전의 것이라고 추정할 수 있었다. 이러한 강력한 기술을 '방사성 탄소 연대 측정법radiocarbon dating'이라고 한다.

우라늄을 활용한 연대 측정법

사진이나 영상, 문자 기록이 그렇듯 방사성 탄소 연대 측정으로 모든 과거를 다 알 수 있는 것은 아니다. 너무 먼 과거의 것들은 남아 있는 탄소-14의 양이 적어서 이 기술을 사용할 수 없다. 게다가 탄소 함량이 높지 않은 무생물의 나이는 측정할 수 없다. 너무 오래된 것들이나, 지구 자체의 나이를 측정하려면, 탄소보다 훨씬 느리게 붕괴하는 원자가 필요하다. 즉, 반감기가 훨씬 더 길어야 하는데, 이를 위해서는 우라늄 원소가 필요하다.

우라늄-238 원자의 핵은 92개의 양성자와 146개의 중성자를 포함하고 있어 불안정하다. 우라늄-238은 양성자 2개와 중성자 2개를 방출하여 토륨-234로 붕괴한다. 하지만 토륨-234도 불안정하여 다시 붕괴하게 된다. 이러한 방사성 붕괴의 연쇄는 안정적인 딸핵(이 경우에는 납-208)에 도달할 때까지 계속되어 약 45억 년이라는 반감기를 갖는다. 탄소-14를 사용하여 생물 표본의 나이를 측정하는 것처럼 우라늄-238을 이용해서 지구 암석의 나이를 추정할 수 있다. 이 방식을 '방사능 연대 측정법radiometric dating'이라고 한다.

지구에서 가장 오래된 암석에 들어 있는 납-208의 양을 조사해보면 암석이 형성된 후 반감기가 1회 지났음을 알 수 있다. 지구의 나이는 무려 45억 4,000만

살이다. 그 근거는 운석(지구로 떨어진 우주의 암석)을 분석한 결과에서 찾아볼 수 있다. 운석은 주로 태양계를 배회하는 소행성, 암석 덩어리, 금속 조각에서 떨어져 나온다. 소행성은 행성이 만들어지고 남은 구성물이다. 이런 운석 물질에 방사능 연대 측정법을 사용한 결과, 그 나이가 지구와 비슷하다는 사실이 밝혀졌다.

지구와 우주의 역사

우리는 '45억 4,000만 년' 같은 큰 숫자를 쉽게 내뱉지만, 그게 얼마나 긴 시간인지는 잘 체감하지 못한다. 1년을 1초로 압축해도, 지구의 나이는 144년(인간 수명의 약 2배)이나 된다. 지구가 나이 들 때마다 10원짜리 동전을 하나씩 차곡차곡 쌓았다면 우리는 백만장자가 되었을 것이고, 쌓인 동전의 무게는 에펠탑보다 더 무거웠을 것이다. 지구의 역사 중 인간이 존재한 건 겨우 30만 년 정도다. 지구가 지내온 45억 4,000만 년의 시간을 24시간으로 압축하면, 지금의 인류가 나타난 건 자정이 되기 6초 전에 해당한다. 이 기간을 1m 길이의 막대기로 표현하면, 인류의 역사는 마지막 0.07mm에 해당한다. 머리카락 굵기보다 가는, 눈으로는 식별할 수도 없는 길이다. 인류는 역사라는 드넓은 바다 위를 떠다니는 작은 조각일 뿐이다.

지구도 우주 전체에 비하면 어리다. 천문학자들은 고고학자처럼 단서를 찾기 위해 직접 현장으로 찾아가지는 못하지만, 천체의 화석이라 할 수 있는 구상성단globular clusters을 찾았다. 쌍안경으로 밤하늘을 보면 마치 반딧불이 떼가 우주를 돌아다니는 듯한, 별들의 무리처럼 생긴 구상성단을 직접 볼 수 있다. 천문학자들은 별이 어떤 물질로 구성되어 있는지를 보고 별의 나이를 측정한다. 최초의 별이 형성되었을 때는 수소와 헬륨만으로 이루어져 있었다. 하지만 별은 마치 원소를 만들어내는 공장처럼 수소와 헬륨을 부품으로 삼아 다양한 다른 원소들을 만들어낸다. 별이 죽으면 이러한 무거운 원소들은 우주로 방출되어, 새로 탄생하는 별을 구성하게 된다. 따라서 최근에 형성된 별에는 상대적으로 다양한 원소가 포함되어 있지만, 매우 오래된 별은 원소의 종류가 더 단조롭다. 2020년 7월에 천문학자들은 구상성단을 통해 우주가 130억 년 이상 된 것으로 추정했다. 지구 나이의 거의 3배에 해당한다.

이는 우주의 나이를 측정하는 또 다른 독립적인 방법과 연결된다. 구상성단은 일반적으로 수천억 개의 별을 포함하고 있는 거대한 항성도시인 은하 주위를 돌고 있다. 우리가 살고 있는 '우리은하Milky Way'는 우주에 존재하는 약 2조 개의 은하 중 하나에 불과하다. 우리는 거의 100년 전부터 대부분의 은하가 우리은하에서 멀어지고 있는 것처럼 보인다는 사실을 파악해왔다. 즉, 우주는 매일 점점 커지고 있다. 어제의 우주는 오늘의 우주보다 더 작았을 것이고, 초기 유럽인들이 불가리아 동굴에서 곰 이빨로 보석을 만들던 시절의 우주는 훨씬 더 작았을 것이다. 천문학자들은 시계를 더 먼 과거로 돌려서 우주가 팽창하기 시작한 시점, 다시 말해 지금의 우주를 이루고 있는 모든 물질이 한 지점에 뭉쳐 있던 시점이 언제였는지 조사했다. 모든 시간과 공간을 만든 전설적인 '빅뱅' 사건이다. 최신 천문학 측정 기법에 의하면 빅뱅은 138억 년 전에 발생했다.

그렇게 우리는 역사상 가장 이른 시점인 '0시'에 대해 알게 되었다. 이러한 발견이 있기 전에 천문학자들은 대체로 우주가 현재와 거의 비슷한 모습으로 항상 존재해왔다고 생각했다. 그러나 이제 우리는 시간에도 시작점이 있고, 우주는 대부분의 시간 동안 지구나 인간 없이 존재해왔다는 것을 알고 있다.

3장

망원경은 타임머신이다

빛의 속도

빛은 우주를 가로질러 도착한 엽서와 같다.
엽서에 담긴 메시지가 수신자에게
전달되기까지 시간이 걸리는 것처럼
빛은 항상 과거의 사건을 보여준다.

도시의 밝은 불빛에서 멀리 떨어져 있는 별들은 강렬하게 빛난다. 행성은 그림자를 드리울 만큼 타오르고, 먼지투성이의 은하수는 아름다운 우주 무지개처럼 머리 위로 아치를 형성하고 있다. 별것 아닌 것 같지만, 사실 우리가 보는 아름다운 하늘은 일종의 타임머신이다. 먼 과거를 직접 방문하게 해주지는 못할지라도 먼 과거를 엿볼 수 있게 해준다.

우리는 절대 현재를 볼 수 없다

우주의 어떤 것도 빛만큼 빠르게 이동할 수 없다. 빛은 초당 거의 30만 km의 놀라운 속도로 우주를 가로질러 날아간다. 심장이 한 번 뛰는 동안 지구를 7바퀴 반 돌 수 있는 속도다. 이 정도의 속도라면 일상생

활에서 빛은 거의 순간 이동을 하는 것처럼 보일 것이다. 우리는 전등 스위치를 누르고 나서 빛이 눈에 들어오기를 기다리지 않아도 된다. 지연이 전혀 없는 건 아니지만, 30cm마다 10억 분의 1초 수준이니 실제로 느끼지는 못한다.

하지만 우주로 모험을 시작하는 순간 상황은 전혀 달라진다. 우주에서 빛은 말 그대로 천문학적인 거리를 이동해야 한다. 우리와 가장 가까운 천체인 달은 지구에서 38만 4,400km 떨어져 있다. 빛이 이 거리를 이동하는 데는 1.3초가 걸린다. 즉, 달은 지구에서 1.3광초 떨어져 있다.

빛은 우주를 가로질러 도착한 엽서와 같다. 엽서를 받은 사람은 쓴 사람이 현재 무엇을 하고 있는지는 알 수 없지만, 엽서를 쓴 그날에는 무엇을 하고 있었는지 알 수 있다. 또한 엽서에 담긴 메시지가 수신자에게 전달되기까지 시간이 걸리는 것처럼 빛은 항상 과거의 사건을 보여준다. 우리는 지금 이 순간의 달을 볼 수 없고, 달에서 빛이 떠난 시점인 1.3초 전의 달의 모습을 볼 수 있다. 이는 사람들과 일상적인 상호 작용에서도 마찬가지다. 누군가로부터 1m 떨어진 곳에 서 있으면, 그 사람의 지금 모습은 볼 수 없다. 대신 빛이 떠난 30억 분의 1초 전의 그 사람 얼굴을 볼 수 있다. 빛이 이동하는 데 시간이 걸린다는 것은 '지금'이라는 개념을 일관적으로 정의할 수 없다는 뜻이다. 우리는 항상 과거만 볼 수 있을 뿐 '현재'는 절대 볼 수 없다.

머나먼 과거로 수놓아진 밤하늘

만약 당신이 밤하늘에 펼쳐진 친숙한 별을 본다면, 이제 대상과의 거리는 광초에서 광년으로 늘어난다. 태양 다음으로 우리에게 가장 가까운 별인 프록시마 센타우리Proxima Centauri는 4.2광년 떨어져 있다. 빛이 우리와 프록시마 센타우리 사이의 40조 km나 되는 거리를 이동하는 데는 4.2년이 걸린다는 뜻이다.

사람들은 종종 '광년'이라는 단위에 대해 헷갈리곤 한다. 이름 때문에 자연스럽게 시간의 단위라고 생각할 수 있지만, 광년은 거리를 측정하는 단위다. 1광년은 빛이 1년 동안 이동하는 거리인 9조 4,600억 km다(광년을 사용하면 0을 생략할 수 있다).

밤하늘에서 가장 밝은 별 중 하나는 오리온자리에서 약 700광년 떨어진, 붉은 보석이라 불리는 베텔게우스Betelgeuse다. 베텔게우스는 수명이 거의 다하고 있어서 결국 초신성이라고 하는 대폭발로 생을 마감할 것이다. 폭발이 일어난다면, 그 밝기가 한동안 보름달보다 더 밝게 빛나고, 심지어 낮에도 모습을 볼 수 있을 것으로 예상된다. 그런데 베텔게우스는 이미 폭발했을 수도 있다. 만약 699년 전에 폭발했다면 초신성의 빛은 내년이 되어서야 우리에게 도착한다. 우리는 밤하늘에서 현재가 아닌 과거의 베텔게우스를 보고 있다. 어쩌면 베텔게우스는 이미 죽었을 수도 있다.

인터넷에서 내 나이와 같은 광년에 있는 별을 찾

아보는 것도 흥미로울 수 있다.✦ 예를 들어 37살이면 37광년 떨어져 있는 별을 찾아보는 것이다. 36.7광년 떨어져 있는 아크투루스Arcturus가 여기에 해당한다. 아크투루스는 북두칠성에서 멀지 않은 위치에서 밝게 빛나는 붉은색 별이다. 이 별을 지금 밤하늘에서 찾았다면, 당신의 눈에 들어가는 그 빛은 당신이 37년 전에 처음 눈을 떴을 때부터 지금까지 우주를 여행해 마침내 도달한 것이나 마찬가지다. 매년 생일이 지날 때마다 1광년 더 멀리 떨어진 별을 찾아보자. 매년 새로운 생일 케이크를 먹을 때마다 별빛은 9조 4,600억 km를 바쁘게 이동하고 있다.

밤하늘에서 가장 쉽게 볼 수 있는 천체는 우리은하에서 가장 가까운 주요 은하인 안드로메다다. 안드로메다를 찾으려면 먼저 카시오페이아를 찾아야 한다. 카시오페이아는 눈에 띄는 W자 모양의 별자리다.

✦ 만약 40살이거나 그보다 더 어리다면, 이 리스트에서 확인해볼 수 있다. http://en.wikipedia.org/wiki/List_of_nearest_bright_stars

W 모양의 V가 아래 방향을 가리키는 2개의 화살표라고 생각하면, 화살표가 가리키는 방향에서 안드로메다를 찾을 수 있다. 빛 공해가 없는 어두운 하늘에서는 맨눈으로도 볼 수 있다. 맨눈으로 보이지 않는 장소라도 쌍안경을 사용하면 볼 수 있다. 솜털 얼룩같이 생겨서 그다지 인상적인 모습은 아닐지라도, 실제로는 1조 개의 별이 있는 별들의 대도시다.

안드로메다는 무려 250만 광년이나 떨어져 있기 때문에 우리에게는 희미한 빛 번짐으로만 보인다. 우리들이 보고 있는 빛은 250만 년 전, 인류의 먼 조상인 오스트랄로피테쿠스가 처음으로 돌로 도구를 만들기 시작하던 때 출발했다. 최초의 인간 종인 호모 하빌리스Homo habilis는 불과 30만 년 전에 나타났다. 안드로메다에서 온 빛이 우리에게 도달하기까지 인류의 역사 전체가 소요되었다. 우주를 바라볼 때마다 우리는 먼 과거를 보고 있는 것이다.

거대한 망원경으로 지구를 들여다본다면?

입장을 바꿔서 상상해보자. 만약 안드로메다 행성에 아주 뛰어난 망원경을 만들 수 있을 정도의 고도로 선진화된 외계인 문명이 있다면 어떨까? 만약 그들이 지금 망원경으로 지구를 들여다보고 있다면, 그들이 보는 모습 속에는 스마트폰이나 소셜미디어나 셀카는 어디에도 없을 것이다. 그 빛은 이제 막 우리 곁을 떠났으니 안드로메다에는 한참이 지나야 도착할 수 있다. 그들이 보고 있는 지구는 250만 년 전에 지구에서 출발한 빛이다. 그들에게 보이는 지구는 오스트랄로피테쿠스와 검치호랑이와 거대한 매머드가 사는 행성이다. 6,600만 광년 떨어진 은하계에 문명이 존재한다면, 그들은 공룡이 멸종하기 직전의 지구를 볼 수 있을 것이다. 우리의 역사는 엄청난 속력으로 우주를 가로질러 달리고 있다. 히틀러, 마리 퀴리, 칭기즈칸, 나의 증조부와 내 어린 시절의 이미지가 우주를 가득 채우고 떠돌고 있다. 장비를 개발할 수 있는 능력만 있다면 누구라도 우리의 삶을 엿볼 수 있다.

그러나 세상 모든 것들이 그렇듯 여기에도 함정이 있다. 이런 것들을 볼 수 있으려면, 아주 고도로 발전된 형태의 거대한 망원경이 있어야 한다. 망원경이 하나의 양동이라고 생각해보자. 별은 빛이라는 공을 모든 방향으로 발사한다. 그 별에서 가까운 위치에 있다면 아주 큰 양동이가 없어도 많은 공을 어렵지 않게 잡을 수 있으나, 별에서 멀어질수록 물체를 보거나 사진을 찍기 위해 더 큰 양동이가 필요하다. 디지털 사진은 픽셀이라고 하는 작은 정사각형들의 모음이다. 만약 외계 문명이 지구를 사진의 픽셀 하나 크기로 포착하려면 1광년의 거리마다 너비가 1km 더 큰 거울이 달린 망원경이 있어야 한다.

예를 들어 내가 불과 150광년 정도 떨어진 행성의 외계인이라고 가정해보자. 우리가 밤하늘에서 볼 수 있는 별들은 대체로 이 정도 떨어져 있다. 현재 지구에서 우리에게 도달하고 있는 빛은 빅토리아 여왕

이 통치하던 19세기에 떠난 빛이다. 지구를 픽셀 1개 크기로 보려면 너비가 150km인 거울이 달린 망원경이 필요하다. 망원경의 한쪽 끝은 북쪽 런던에 있고 반대쪽 끝은 남쪽 버밍엄에 있어야 한다(한국으로 치면 대략 서울에서 대전까지의 거리다-옮긴이). 참고로 현재 세계에서 가장 큰 망원경 거울의 크기는 10m다. 하지만 고도로 발전한 외계 종족이 있다면, 지상에 놓든 우주에 놓든 그렇게 큰 망원경을 만드는 게 전혀 불가능한 건 아니다.

그런데 빅토리아 여왕을 사진에 담고 싶다면 전혀 다른 이야기가 될 수 있다. 빅토리아 여왕의 키가 152cm였으니, 그녀를 픽셀 하나 크기로 찍으려면 망원경의 너비가 12억 6,000만 km여야 한다. 이는 지구와 토성 사이의 거리다. 더 자세한 사진을 찍으려면 이보다도 더 큰 망원경이 필요하다. 시간을 더 거슬러 올라갈수록 필요한 거울의 크기는 더 커진다. 6,600만 광년 떨어진 곳에서 티라노사우루스를 보려면 망원경은 너비가 무려 6광년이어야 한다. 이는 태양에서 가장 가까운 별까지의 거리보다 더 크다. 이렇게 큰 유리로 만들어진 거울이 있다면 스스로 붕괴하여 블랙홀이라는 물체를 형성할 것이다(블랙홀에 대해서는 후반부에서 더 자세히 다룰 예정이다). 우리의 가장 가까운 이웃인 프록시마 센타우리 주변에 문명이 존재한다 해도 우리의 4.2년 전 모습을 보기 위해서는 지구보다 거의 3,000배 더 넓은 망원경이 필요하다.

우리의 역사는 별들 사이에 있지만 아마 누구도 그것을 자세히 볼 수 없을 것이다. 그러니 저 먼 우주 어딘가에서 우리의 모든 움직임을 몰래 엿보는 사람이 있을지 걱정하지 말고, 마음 편히 밤하늘에 보이는 우주의 과거를 감상하면 된다.

4장

시간은 화살처럼 날아간다

엔트로피 법칙

시간의 화살은 계속해서

엔트로피가 낮은 영역(과거)에서

엔트로피가 높은 영역(미래)을

가리키며 나아간다.

프랑스의 물리학자 사디 카르노Sadi Carnot는 1832년 파리의 정신병원에서 겨우 36세의 나이로 사망했다. 콜레라 창궐의 희생자였다. 콜레라는 전염성이 매우 강한 질병이었기 때문에 그의 논문은 대부분 그와 함께 묘지에 묻혔는데, 다행히도 그중 한 권의 책이 살아남았다. 이 책은 사람들이 시간에 관해 가장 흔하게 궁금해하는 '시간은 왜 앞으로만 가는가?'라는 질문에 답하고 있다.

시간의 화살

이것이 딱히 설명할 필요가 없는 당연한 개념이라고 생각할지도 모른다. 이 순간에도 미래는 끝없이 과거가 되고 있지만, 그 반대로는 가지 않는다. 우리는 어느 한 순간에서 다음 순간으로 가지만, 바로 마지막 순간으로 건너뛸 수는 없다. 어제를 기억할 수는 있지만, 다음 주는 기억할 수 없다. 우리는 태어난 후에 죽는다. 영국의 천문학자 아서 에딩턴Arthur Eddington은 이것을 '시간의 화살'이라고 불렀다. 나중에 어떤 재치 있는 사람은 이런 말을 남기기도 했다. "시간은 화살처럼 날아간다. 그리고 과일은 바나나처럼 날아간다Time flies like an arrow. Fruit flies like a banana." ('초파리는 바나나를 좋아한다'라는 문장이지만, '과일은 바나나처럼 날아간다'라고도 해석될 수 있어 사용된 언어유희다-옮긴이.)

흥미로운 점은 이것이 우리 일상의 명백한 특징임에도 대부분의 물리 법칙은 시간의 방향에 크게 영향을 받지 않는다는 사실이다. 공이 공중에서 직선으로 날아가는 영상이 있다고 생각해보자. 아마 이 영상이 촬영된 순서대로 재생되는 것인지 거꾸로 재생되는 것인지 우리는 구분하기 어려울 것이다. 이처럼 물체의 움직임을 설명하는 방정식은 어느 방향이든 동일하게 적용될 수 있다. 하지만 바닥에 머그잔이 부딪히는 영상이라면 원래 방향인지 아닌지 단번에 알아챌 수 있다. 깨진 잔은 스스로 고쳐지지 않고, 깨진 머그 컵은 저절로 다시 붙지 않는다. 깨진 계란은 다시 원래 모양으로 돌아갈 수 없으며 사람은 젊어지지 않는다.

열역학 법칙의 등장

사디 카르노의 연구는 시간이 화살처럼 흐르는 이유를 이해할 수 있는 길을 제시했다. 나폴레옹 시대 전쟁 장관의 아들이었던 사디 카르노는 프랑스 군대의 기술자였다. 그는 짧고 비극적인 삶을 살았으나, 대부분의 인생을 머지않아 세계에 혁명을 일으킬 새로운 발명품인 증기 기관을 이해하는 데 바쳤다. 그는 20대의 젊은 시절에 증기 기관을 훨씬 더 효율적으로 만드는 방법을 다룬《불의 동력에 대한 고찰Reflection on the Motive Power》이라는 책을 출판했다. 이 책은 그가 죽은 후 다른 물리학자들이 열역학이라는 완전히 새로운 학문을 발견하는 데 영감을 주었다.

오늘날 열역학에는 열과 에너지가 작동하는 방식을 설명하는, 절대 깨지지 않는 4대 주요 법칙이 있다. 열역학의 4대 법칙은 때때로 대중문화에서도 등장하는 걸 보면, 이제 일반인들도 열광하는 상식이 된 것 같다. 〈심슨 가족〉의 어느 에피소드에는 주인공 호머가 딸 리사에게 "우리 집에서는 열역학의 법칙을 따른다"라고 외치는 장면이 있다. 넷플릭스에서 2018년에 출시한 로맨틱 코미디 영화 〈사랑의 물리학〉에는 어느 물리학자가 열역학의 법칙으로 사랑과 연인 관계를 설명하려 시도하는 장면이 등장한다.

열역학의 법칙 중 우리에게 가장 중요하면서도 잘 알려진 법칙은 제2법칙일 것이다. 이것을 간단히 요약하면 '무질서도는 항상 증가한다'는 내용이다. 집이나 정원이나 책상을 정리해본 사람이라면, 누구나 이해할 것이다. 물리학에서는 무질서도를 '엔트로피

entropy'라고 부른다. 열역학 제2법칙에 따르면 엔트로피는 항상 증가하고 있으며, 우주는 점점 더 무질서해지고 있다. 시간의 화살은 계속해서 엔트로피가 낮은 영역(과거)에서 엔트로피가 높은 영역(미래)을 가리키며 나아간다.

엔트로피가 계속 증가하는 이유

시간이 지날수록 우주가 점점 더 무질서해지는 이유는 간단하다. 그게 가장 가능성이 높은 결과이기 때문이다. 예를 들어 주사위 6개가 있다고 하자. 처음에는 모두 같은 숫자가 맨 위로 오도록 놓는다. 매우 질서정연한, 엔트로피가 낮은 상황이다. 이 주사위들을 각각 굴린다. 이제 모든 주사위가 같은 숫자가 나올 가능성은 0.013%에 불과하다. 주사위를 10만 번 던지면 13번 정도밖에 나오지 않는다는 말이다. 나머지 9만 9,987번의 경우의 수는 이보다 훨씬 무질서하고 엔트로피가 높다. 각각 6가지 경우의 수를 가진 주사위로 벌인 비교적 간단해 보이는 상황인데도 확률의 차이는 이렇게나 극명하다.

이제 주사위가 아닌 경우의 수가 훨씬 더 많은 트럼프 카드를 새로 뜯었다고 상상해보자. 새 카드는 아마 숫자와 모양이 순서대로 잘 정리되어 있을 것이다. 이 역시 매우 질서정연하고 엔트로피가 낮은 상태다. 이제 이 카드들을 무작위로 섞어보자. 섞은 후에 원래의 정렬된 상태로 되돌아올 확률은 1×10^{64}분의 1이다. 이 어마어마한 숫자를 이해하기 위해 비유를 들자면, 수천억 개 별들이 존재하는 우리은하 어딘가에 고독한 원자 하나를 내가 숨겨두고, 여러분이 무작위로 아무 원자나 선택했는데 내가 숨긴 그 원자를 고를 확률이다. 8번 연속으로 복권에 당첨될 확률도 이보다는 더 높다.

현실 세계는 6개의 주사위나 52장의 카드보다 훨씬 더 복잡하다. 방 한가운데 각 변의 길이가 1m인 빈 상자를 놓으면, 그 안에는 10조 개의 공기 분자가 들어 있다. 이 분자들이 이리저리 흔들리면서 더 질서정연해질 수 있다. 어쩌면 모든 분자가 상자의 한쪽에 모일 수도 있겠다. 이렇게 무질서에서 질서로 이동하는 것이 불가능하지는 않지만, 그 가능성이 극도로 낮아서 그런 일이 일어나는 걸 보려면 우주의 나이보다 훨씬 더 오래 기다려야 할지도 모른다. 그러니 우리는 절대 그 모습을 볼 수 없을 것이다. 질서는 항상 더 흐트러진다. 이것이 과거에서 미래 방향을 가리키는 시간의 화살이 만들어지는 원리다.

확률에 기초한 이 주장은 1870년대에 오스트리아의 물리학자이자 열역학의 권위자인 루트비히 볼츠만Ludwig Boltzmann에 의해 처음 만들어졌다. 그 역시 카르노처럼 비극적인 인생을 살았다. 수년 동안 과학계와 자신의 정신 건강과 씨름한 후, 볼츠만은 1906년에 가족과 함께 여름휴가를 보내던 중에 목을 맸다. 유서는 남기지 않았다. 볼츠만은 베토벤과 브람스가 묻힌 비엔나 공동묘지에 묻혔다. 그의 묘지에는 오늘날까지도 사용되는 엔트로피 계산 방정식이

새겨져 있다.

혹시 지금쯤 이런 의문이 들지도 모르겠다. 시스템의 질서가 늘어나는 게 왜 불가능하다는 거지? 방을 청소하거나 서류를 정리할 수도 있고, 확률에 의존하지 않고 직접 시간을 들여 주사위나 카드를 원래대로 되돌릴 수도 있다. 그러면 엔트로피가 줄어든 게 아닌가? 그렇긴 하다. 다만 그 영역 안에서만 그러하다. 정리를 하려면 에너지를 소비해야 한다. 신경 써서 지저분한 방을 정리하고 있으면 몸이 더워지고 아마 상당한 소음이 일어날 것이다. 이 에너지는 방으로 빠져나와 주변 공기의 엔트로피를 증가시킨다. 이는 책을 밟지 않고 침대에 도달할 수 있도록 방을 정리해서 달성한 작은 국소적 엔트로피 감소량보다 훨씬 크다. 게다가 애초에 정리할 에너지를 만들기 위해 몸이 음식을 분해하면서 세상의 무질서를 늘렸다. 전체 엔트로피는 여전히 증가했다. 신성한 열역학 제2법칙은 깨지지 않았다.

무질서와 우주의 열죽음

무질서가 계속 증가하기만 한다면 우주는 어떻게 될까? 언젠가 우주는 최대 무질서 상태에 도달하게 될 것이다. 더 이상 짧은 질서의 공간을 만들기 위해 쓸 에너지도 없게 된다. 별도 없고 행성도 없고 생명도 없다. 다행인 점은 이 시점에 도달하기까지 아주 오랜 시간이 걸린다는 것이다. 최소한 1×10^{100}년은 기다려야 한다. 천문학자들은 이것을 우주의 열죽음heat death이라고 한다('빅 프리즈Big Freeze' 또는 '빅 칠Big Chill'이라고도 한다). 이것은 사디 카르노의 책을 읽고 직접적인 영감을 받은 열역학의 창시자 켈빈 경이 1851년에 처음 제안한 아이디어다.

어쩌면 고작 220억 년 안에 그와 비슷한 결과를 보게 될 수도 있다. 천문학자들은 그것을 '빅립Big Rip'이라고 부른다. 우주가 팽창하는 속도는 현재 증가하고 있다. 은하 사이의 간격이 커질수록 그 위력이 커지는 암흑 에너지Dark energy라는 신비한 물질의 영향 때문이다. 이것이 그대로 계속되면 멈출 수 없는 거대한 힘이 된다. 별, 행성, 그리고 심지어 원자도 산산이 부서지고 우주에는 파편만 남을 것이다. 정신이 번쩍 드는 말이다.

언젠가 그런 날이 온다 해도, 그게 '빅 립'이든 '빅 칠'이든, 우주는 여전히 수천억 년 동안 존재할 것이다. 우주가 오랜 시간 존재해왔다는 사실은 빅뱅으로 우주가 탄생할 당시 고도로 질서정연하고 엔트로피가 낮은 상태에 있었다는 점에 기인한다. 138억 년 전 우주의 엔트로피는 오늘날보다 1,000조 배나 적었다. 혼돈스러운 상태였다면 우주는 종말에 훨씬 더 가까운 상태로 시작되었을 것이고, 행성과 인류가 나올 시간도 없었을 것이다. 우주가 정확히 어떻게 엔트로피가 매우 낮은 상태로 시작하게 되었는지는 천문학에서 가장 당혹스러운 미스터리 중 하나이며 반세기 넘게 풀리지 않은 문제다.

우리가 언젠가 그 답을 알아내는 날이 온다면, 시간의 화살은 왜 우리가 과거를 미래보다 먼저 경험하는지 뿐 아니라, 왜 이곳에서 시간을 경험하고 있는지도 알려줄 수 있을 것이다.

5장

시간과 공간은 분리된 개념이 아니다

상대성이론과 시공간의 개념

공간이 구부러질 수 있다면
시간도 구부러질 수 있다. 공간뿐만 아니라
시간도 여행할 수 있을 것이라는
흥미로운 가능성의 문이 열리게 된다.

천문학자 아서 에딩턴은 시간의 방향을 화살에 비유한 것 말고도 시간에 대한 우리의 이해를 돕는 많은 일을 했다. 그는 1919년에 자신이 태어난 영국 컴브리아에서 수천 km 떨어진 아프리카 서해안의 작은 프린시페섬으로 여행을 떠났다. 그가 이토록 먼 길을 떠난 건 달이 태양을 가리는 놀랍도록 아름답고 과학적으로 귀중한 사건인 일식을 관찰하기 위해서였다. 제1차 세계대전이 끝난 지 얼마 되지 않은 그때, 영국인인 그는 어느 독일인 한 명을 과거와 미래의 그 누구와도 비교할 수 없는 수준의 유명 인사로 끌어올리게 된다.

그 사람이 바로 알베르트 아인슈타인이다. 1879년에 태어난 아인슈타인은 1905년에 소위 '기적의 해'를 보냈다. 그해에 그는 적어도 세 편의 혁신적인 논문을 발표했는데, 그중 하나로 1921년에 노벨 물리학상을 받았다. 다른 한 논문에서는 세계적으로 잘 알려진 방정식 'E=mc^2'의 아이디어를 소개하기도 했다. 게다가 이 모든 업적을 대학교 연구실이 아닌 스위스 특허청에서 일하던 중에 이뤘다는 것은 더욱 놀라운 일이다. 때로는 다른 사람들이 보지 못하는 걸 볼 수 있는 외부인의 시각이 필요한 것 같다.

아인슈타인은 1908년에 베른대학교로 직장을 옮겼는데, 이전에 그의 수학 교사였던 사람이 그해에 또 다른 중요한 돌파구를 마련하게 된다(그 교사는 한때 아인슈타인을 '수학에 대해 전혀 신경 쓰지 않았던 게으른 학생'이었다고 묘사했다). 그가 바로 헤르만 민코프스키 Hermann Minkowski다. 민코프스키는 전 제자의 연구 결과를 활용하여, 보이는 것과 달리 공간과 시간이 따로 떨어진 실체가 아니라는 사실을 밝혔다.

시공간의 탄생

우리가 세상에서 경험한 바에 따르면, 시간과 공간은 전혀 다른 개념처럼 보인다. 무엇보다도 공간에 있어서 우리는 상당히 자유롭다. 예를 들어 한 방향으로 이동하다가 멈추고 왔던 길로 돌아가는 등 방향을 바꿀 수도 있고, 이동 속도를 변경할 수도 있다. 가만히 앉아 있거나 걷고 달리기도 하고, 자동차나 비행기나 로켓으로 여행하기도 한다. 반면, 시간은 그와는 달라 보인다. 우리는 과거에서 미래로, 변하지 않는 한 방향으로만 이동하고 있다. 에딩턴이 말한 시간의 화살을 따라, 오직 한 방향으로, 언제나 같은 속도로 움직이고 있지 않은가? 그러니 자연스럽게 시간과 공간을 단절된 것으로 간주하게 되었다. 하지만 민코프스키는 시간과 공간이 연속적인 직물로 밀접하게 짜인 것처럼 우주 전체에 퍼져 있으며, 우주의 모든 사건이 일어나는 무대라고 생각했다. 그는 두 단어를 조합해 이를 '시공간'이라고 불렀다. 앞으로 다룰 생각의 폭을 넓혀주는 놀라운 아이디어들은 이 개념에서 출발한다.

절대적인 시공간의 개념을 무너뜨린 상대성이론

1915년에 아인슈타인은 200년 넘게 이어진 '전통과학'에 의문을 제기하는, 한층 더 논란적인 아이디어인 일반 상대성이론을 발표했다. 물리학의 대부 아이작 뉴턴이 틀렸다고 주장하는 건 매우 큰 용기가 필요한 일이었다. 그러나 아인슈타인은 그 일을 해냈다. 문제의 핵심은 중력을 바라보는 방식이었다. 잘 알려진 것처럼 뉴턴은 중력을 힘의 종류로 이해했다. 중력은 사과를 땅으로 끌어당기고 무거운 행성들을 태양 주위로 끌어당긴다. 그러나 아인슈타인은 다르게 생각했다. 그는 그런 힘이 실제로 작용하는 게 아니라, 중력은 단순히 시공간이 구부러져서 일어나는 결과라고 주장했다.

이 개념을 이해하기 쉽게 설명할 때 자주 사용되는 비유가 있다. 침대의 네 모서리에 시트가 단단히 고정된 모습을 상상해보자. 중앙에는 볼링공이 놓여 있다. 침대 시트는 시공간이고 볼링공은 태양이다. 볼링공은 시트를 눌러 움푹 파이게 만든다. 이제 이 불 위에 테니스공을 추가하면 파인 곳의 가장자리 주위로 굴러간다. 마치 지구가 태양을 도는 것처럼 테니스공이 볼링공 주위를 돌게 만들 수 있다. 매우 중요한 점은 이 두 공 사이에는 뉴턴의 인력이 존재하지 않는다는 것이다. 작은 공이 큰 공에 의해 당겨지는 것이 아니다. 시트에 생성되는 곡선 경로를 따라갈 뿐이다. 이것이 중력의 원리에 대한 아인슈타인의 직감이었다. 매우 비범한 주장이었고, 이를 뒷받침하기 위해서는 비범한 증거가 필요했다. 에딩턴은 그 증거를 찾기 위해 아프리카로 향한 것이었다.

뉴턴과 아인슈타인은 모두 태양의 중력이 그 주위에 있는 먼 별빛을 휘게 할 것이라고 예측했다. 이 현상 때문에 태양 바로 뒤에 있는 별이 태양 옆에 있는 것처럼 보이는 재미있는 일이 일어나게 된다. 다만 두 사람은 이 별이 태양에서 얼마나 멀리 떨어져 나타날 것인지에 대해서는 다르게 생각했다. 그러니 누가 맞았고 누가 틀렸는지를 판단할 수 있을 것이었다. 그런데 태양이 매우 밝기 때문에 평소에는 태양과 가까이 있는 별을 볼 수 없다는 점이 문제였다. 하지만 달이 태양 빛을 차단하는 일식 기간에는 태양 가까이에 있는 별을 관찰할 수 있다.

에딩턴이 1919년에 프린시페로 여행한 것도 일식을 사진으로 찍어 태양에 가까운 별의 위치를 측정하기 위해서였다. 짙은 구름이 간간이 끼었지만 그는 혁신적인 두 장의 이미지를 촬영할 수 있었다. 그 별들은 정확히 아인슈타인이 예측한 위치에 있었다. 뉴턴이 틀렸다. 그해 말에 이 결과가 공개되자 1면 뉴스감이 되었다. 《더 타임스The Times》는 '우주의 새로운 이론, 전복된 뉴턴의 사상'이라고 보도했다. 《뉴욕 타임스The New York Times》는 '하늘의 비스듬한 빛, 궁금해하는 과학자들'이라는 헤드라인을 실었다. 일상의 경험이 이토록 확고하다 보니 많은 사람이 공간과 시간이 분리되어 있지 않다는 것을 믿기 힘들어했다. 하지만 이로써 시간과 공간이 한 동전의 양면과도 같다는 사실이 밝혀졌다.

시공간의 왜곡을 입증하는 증거들

아인슈타인이 처음 헤드라인을 장식한 이래 약 1세기 동안 물리학자와 천문학자들은 그의 주장을 뒷받침할 추가 증거를 수집해왔다. 그중 하나가 태양이 별빛을 휘게 하는 현상의 더 큰 버전인 '중력 렌즈gravitational lens' 효과다. 이를 입증하려면 한 은하가 지구에서 볼 때 다른 은하의 바로 앞에 있어야 한다. 앞서 말한 것처럼 은하는 수천억 개의 별이 모여 있는 거대한 집합체다. 앞에 있는 은하가 시공간을 왜곡하면 뒤에 있는 은하에서 나오는 빛이 그 주변으로 휘게 된다. 이는 마치 빛이 렌즈를 통과하며 굴절되어 초점에 모이는 것 같다. 이 효과로 인해 아인슈타인 고리Einstein ring라고 불리는 둥근 모양의 빛이 관측된다. 구부러진 와인잔 바닥을 통해 물체를 볼 때도 비슷한 효과가 나타난다. 고리의 크기는 시공간이 얼마나 휘어져 있는지에 따라 달라지며, 이는 앞에 있는 은하에 있는 물질의 양에 따라 달라진다. 천문학자들은 이러한 고리가 아인슈타인의 이론에 의해 예측된 크기와 일치한다는 것을 일관되게 발견했다. 공간과 시간이 서로 얽혀 있다는 아이디어에 큰 힘이 실리게 된 것이다.

그뿐만 아니라 아인슈타인은 마치 돌멩이를 물에 던지면 연못에 잔물결이 일어나는 것처럼 시공간 내에서 일어나는 사건은 바깥쪽으로 움직이는 파동을 생성하리라 예측했다. 물리학자들은 이것을 중력파gravitational wave라고 부른다. 중력파는 아인슈타인이 그 이론을 처음 발표한 지 정확히 100년이 지난 2015년에 처음으로 발견되었다. 이 역사적인 발견이 이루어진 곳은 레이저 간섭계 중력파 관측소LIGO다.

이 시설은 미국 내에서 각각 약 3,000km 떨어진 거리에서 나란히 작동하는 두 대의 기계로 구성되어 있다. 각 관측소에는 서로 직각을 이루는 4km 길이의 두 팔이 있다. 레이저 빔이 터널 끝의 거울을 향해 각 팔을 따라 발사되고, 거울에 의해 다시 시작 부분으로 반사된다. 두 팔의 길이가 같기 때문에 두 레이저 빔은 일반적으로 동시에 본래 지점에 돌아온다. 그러나 레이저가 지나가는 동안 중력파를 통과하면 상황이 달라진다. 중력파는 시공간 자체를 주름지게 하여 한쪽 팔의 길이를 일시적으로 변경한다. 이제 레이저는 시작 지점에 동시에 도착하지 않는다. 이 발견은 이를 연구했던 과학자들이 불과 2년 후에 노벨 물리학상을 받을 정도로 중요한 이정표가 되었다. 노벨상 역사상 과학적 발견 이후 가장 짧은 기간 안에 영예를 얻은 사례 중 하나였다.

2019년 4월, 또 다른 역사적 순간이 찾아왔다. 천문학자들은 사건의 지평선 망원경을 사용하여 포착한 사상 최초의 블랙홀 사진을 공개했다. 블랙홀은 중력의 거인이다. 시공간의 구조를 매우 휘게 만들어서 바깥으로 나가는 모든 경로가 구부러져서 곧장 안으로 들어오도록 한다. 그 무엇도 블랙홀에서 탈출할 수 없다. 블랙홀에 삼켜져서 미아가 된 빛들은 블랙홀 가까이에 그림자를 만든다. 아인슈타인의 일반 상대성이론은 블랙홀의 크기와 모양에 대해 매우 강력한 예측을 제공한다. 블랙홀과 그 그림자를 촬영하기 위해 천문학자들은 전 세계에 흩어져 있는 일련의 망원경을 사용했다. 얼마나 많은 데이터가 생성되었으면 그것을 하드디스크 드라이브에 담아 택배를 통해 프로젝트 본부로 다시 보내야 했다. 놀랍게도, 이게 인터넷으로 보내는 것보다 더 빠른 방법이었다. 그리고 그 사진은 아인슈타인의 예측과 완벽하게 일치했다.

우리가 시공간이 구부러지고, 형성되고, 왜곡될 수 있음에 그 어느 때보다 확신을 갖게 된 것은 최근 발견된 이러한 눈부신 증거 덕분이다. 아인슈타인의 이론은 온갖 시험을 거침없이 통과했다. 공간과 시간은 서로 밀접하게 연결되어 있어 한쪽에 영향을 미치면 다른 쪽에도 영향을 준다. 공간이 구부러질 수 있다면 시간도 구부러질 수 있다. 공간뿐만 아니라 시간도 여행할 수 있을 것이라는 흥미로운 가능성의 문이 열리게 된다.

6장

시간여행자는 우리 가까이에 있다

시간 지연

우주비행사들은 인류 중 가장 성공적으로
시간을 여행한 사람들이지만, 시간을 여행하는 것은
그들만이 아니다. 우리도 시간여행자다.
시간 지연 효과 덕분에 속력을 높일수록
미래에 더 빨리 도달하게 된다.

닐 암스트롱이 처음으로 달에 발을 디뎠을 때 겐나디 파달카Gennady Padalka는 11살이었다. 그 세대의 많은 아이가 그랬듯 그도 별을 꿈꾸기 시작했다. 러시아 공군에서 모범적인 경력을 쌓은 그는 1989년 베를린 장벽이 무너지기 5개월 전에 소련 우주비행사 프로그램에 합류했다. 파달카는 다섯 건의 임무를 수행하고 10번의 우주 유영을 수행하고 879일 동안 지구를 돈 기록을 세운 우주 베테랑이다. 인류 역사상 가장 위대한 시간여행자이기도 하다.

SF 영화는 시간을 빠르게 감아 미래로 간 시간여행자들의 이야기로 가득 차 있다. 영화 〈백 투 더 퓨처〉 두 번째 시리즈에서 브라운 박사와 마티 맥플라이는 1985년에서 2015년으로 이동하여, 호버보드와 하늘을 나는 자동차가 있는 미래 세계를 마주하게 된다. 내일을 살짝 엿본다는 상상은 매혹적이다. 그런데 시간여행자가 이미 우리 사이에 존재한다는 사실을 깨닫는 사람은 거의 없다. 겐나디 파달카는 마티 맥플라이와 가장 비슷하다고 할 수 있는 실존 인물이지만, 그의 이름을 아는 사람은 많지 않다.

미래로의 시간여행은 '시간 지연time dilation(시간 팽창)' 효과에 달려 있다. 올림픽에서 8개의 금메달을 딴 선수이자 세계 기록 보유자인 우사인 볼트와 함께 100m 경주를 한다고 상상해보자. 그가 먼저 결승선에 도달해도 아마 그다지 놀라지 않을 것이다. 그는 당신보다 빠르게 공간을 이동할 수 있는 능력을 갖추고 있으니 말이다. 다만 당신과 그는 사실 공간을 달린 게 아니라 '시공간'을 달린 것이다. 지난 장에서 살펴본 우주의 구조 때문이다. 공간과 시간은 매우 밀접하게 연결되어 있으므로, 볼트는 당신보다 공간을 빠르게 여행할 뿐만 아니라 시간도 더 빠르게 여행한다. 결승선에 먼저 도달한다는 것은 미래에도 먼저 도달한다는 것을 의미한다. 물론 당신과 우사인 볼트의 속도 차이가 (비록 달릴 때는 극명해 보일지 모르지만) 매우 미미하기 때문에 그 사실을 눈치채지는 못할 것이다.

그러나 파달카의 이야기는 조금 다르다. 그는 시속 2만 7,500km로 지구를 돌고 있는 궤도 전초 기지인 미르 국제 우주 정거장에서 879일 동안 지상에 있는 우리보다 훨씬 빠르게 시공간을 돌진했다. 그렇게 함으로써 역사상 누구보다도 더 앞선 0.025초 후 미래로 시간을 여행했다. 우주비행사는 시간여행자이기도 하다.

우리는 모두 시간여행자

파달카 같은 우주비행사들은 인류 중 가장 성공적으로 시간을 여행한 사람들이지만, 그들만이 시간을 여행하는 것은 아니다. 우리도 시간여행자다. 시간 지연 효과 덕분에 속력을 높일수록 미래에 더 빨리 도달하게 된다. 예를 들어 비행기를 타고 런던에서 뉴욕으로 이동하면 190억 분의 1초(19나노초Nanoseconds) 앞선 미래로 시간여행을 하게 된다. 간단히 걷기만 해도 마찬가지다. 우리가 평생 걷는 것을 모두 합치면 가만히 앉아 있을 때보다 3나노초 정도 미래로 여행하게 된다. 딱히 인상적이지 않다고 생각할 수도 있지만, 우리는 이를 통해 미래로 시간여행이 가능하다는 것을 분명히 알 수 있다. 〈백 투 더 퓨처〉의 브라운 박사나 드로리안 타임머신 없이도 우리가 스스로 하고 있었던 간단한 일이다. 이제 여기서 SF 영화처럼 흥미로운 일을 벌이려면, 시공간을 훨씬 더 빨리 여행하면 된다.

시간 지연이라는 개념을 처음 듣는 이들은 일상생활에서 경험한 것과 너무 상반되기 때문에 믿기지 않는다며 매우 회의적으로 반응한다. 그런데 사실 우리는 이미 시간 지연 효과에 의존하고 있다. 현대인의 필수품이 된 GPSGlobal Positioning System가 그 예다. 위성 항법 시스템이라고도 하는 GPS는 지구 주변을 돌고 있는 수많은 위성을 통해 위치를 파악하는 기술이다. 우리가 지도 앱을 사용할 때 핸드폰은 위성에 신호를 보내는데, 신호가 더 빨리 돌아올수록 해당 위성에 더 가깝다는 뜻으로, 한 번에 여러 개의 위성을 사용하여 신호가 돌아오는 시간을 비교하면 GPS가 우리의 위치를 정확하게 찾아낼 수 있다. 그러나 위성에 원자시계가 탑재되어 있어야만 신호가 도착하는 데 걸리는 시간을 측정할 수 있다. 여기서 문제가 생긴다. 인공위성은 국제 우주 정거장의 절반 속도로 지구 주위를 돌고 있다. 시간 지연 현상으로 위성의 원자시계는 우리 핸드폰의 시계와 일치하지 않기에 GPS의 원자시계를 조정하여 일치시켜야 한다. 인공위성이 시간여행을 하고 있다는 사실을 인정하지 않고 원자시계를 시정하지 않으면, GPS는 무용지물이 된다. 아마 하루만 지나도 우리의 현재 위치를 알려주는 지도 앱의 파란색 점이 실제 위치보다 10km 정도 떨어진 곳에 나타나게 될 것이다.

빛의 속도로 이동하는 뮤온

놀랍게도 이렇게 확실한 시간여행의 증거를 모르는 사람들이 많다. 그러나 이 현상은 이미 1940년대부터 알려졌다. '뮤온muon'이라는 아원자 입자(원자보다 작은 입자) 덕분이다. 우리 행성은 우주에서 온 고에너지 입자의 공격을 끊임없이 받고 있다. 물리학자들은 그것들을 우주 방사선 또는 우주선cosmic ray이라고 부른다. 우주선이 대기에 있는 원자에 부딪힐 때마다 뮤온을 비롯한 여러 입자가 소나기처럼 쏟아진다. 바로 지금, 이 순간에도 우리 머리 위에 1분에 $1m^2$ 면적당 1만 뮤온이 도달하고 있다.

처음에 과학자들은 우리에게 이처럼 많은 양의 뮤온이 도달하고 있다는 사실에 당황했다. 앞서 2장에서 다뤘던 방사성 원자와 마찬가지로 뮤온도 '붕괴'한다. 뮤온의 반감기는 156만 분의 1초로 매우 짧아서, 뮤온이 지상에 도달하는 데 100회 이상의 반감기가 걸릴 것이라고 보았다. 각 반감기가 지날 때마다 뮤온의 개수가 50% 감소한다면, 지상에 도달하는 시간 동안 극소수를 제외한 모든 뮤온이 붕괴해서 사라져야 한다. 그런데 어떻게 그렇게 많은 뮤온이 변하지 않은 채로 지구에 도달하는 것일까? 이 미스터리는 뮤온이 빛의 속도로 이동한다는 사실과 시간이 다르게 흐를 수 있다는 사실로 설명할 수 있다. 뮤온이 이동하는 데는 우리보다 훨씬 짧은 시간이 소요되기에 지상으로 이동하는 중에는 몇 회의 반감기만 경과하고 상당 부분이 붕괴되지 않은 채 도달한다. 시간 지연을 고려하여 계산하면, 도달하는 뮤온의 수는 계산과 완벽하게 일치한다.

시간여행자가 마주할 문제들

만약 인간이 뮤온의 절반만큼이라도 빨리 움직일 수 있다면, 0.025초처럼 짧은 순간이 아니라 며칠, 몇 달, 심지어 몇 년까지도 시간여행이 가능했을 것이다. 뮤온과 좀 더 비슷한 속력을 낼 수 있다면, 수십 년까지도 가능하다. 시간 지연의 놀라운 잠재력을 이해하기 위해 일란성 쌍둥이를 예로 들어보겠다. 그들은 같은 병원에서 불과 몇 분 간격으로 태어났지만, 성장하면서 다른 진로를 선택하여 한 사람은 의사가 되고 다른 한 사람은 우주비행사가 되었다. 두 자매가 40세가 된 해에 우주비행사인 자매는 다른 항성계로 가는 임무를 수행하기 위해 지구를 떠난다. 로켓 기술이 굉장히 발달해서 광속의 90%의 속력으로 그곳에 갔다 지구로 돌아올 수 있게 되었다고 하자. 거의 뮤온만큼이나 빠른 속력이다. 왕복 20년이 조금 안 되는 시간이 흐른 후 지구에 돌아온 그녀는 60세가 거의 다 되어 환갑잔치를 준비한다. 하지만 돌아와 보니 그녀의 쌍둥이 언니는 이미 25년 전에 있었던 자신의 환갑잔치를 선명히 기억하고 있다. 지구에 남은 사람은 시공간을 더 천천히 여행했기 때문에 더 많은 시간이 흐른 것이다. 그녀는 이제 85세이고 증손주들을 옆에 앉히고 25년 전 미래로 시간을 여행한 우주비행사 여동생 이야기를 해준다.

더 빠른 속력으로 여행한다면 어떻게 될까? 당신이 뮤온보다 빠른 광속의 99.9999%로 10년 동안 거대한 타원을 그리며 은하계를 여행하여 한 바퀴를 돌아 지구로 돌아온다고 가정해보자. 지구로 돌아온 당신에겐 10년이 지났겠지만, 지구를 떠나 있는 동안 지구에서는 7,000년의 시간이 지나 있다. 여행을 시작할 때는 21세기였지만, 돌아온 지구는 91세기가 되어 있다. 당신은 자신의 일생을 훨씬 초월한 삶을 경험하게 된다. 사람들이 일반적으로 궁금해하는 시간여행은 이런 유형이고, 물리학에 이를 금하는 법칙은 없다. 단지 파달카보다 더 빠르게, 더 오래 여행하는 방법을 알아내기만 하면 된다.

이런 극단적 시간여행에 문제가 없는 것은 아니다. 7,000년 전 석기 시대에 살았던 사람이 현대 맨해튼의 타임스퀘어 한가운데로 순간 이동하면 어떻게 될까? 그야말로 문화충격이다. 먼 미래에도 인류가 존재할까? 만약 그렇다면 그들은 당신이 누구인지 기억할까? 출발하기 전에 은행 계좌에 1파운드(약 1,600원)를 넣어두면, 7,000년어치 이자를 받을 수 있는 걸까? 이처럼 긴 시간여행을 정기적으로 하려면 언젠가는 고민하고 해결해야 할 과제가 많다.

그런데 그보다 더 큰 문제가 있다. 시간 지연은 편도 승차권이라는 점이다. 시간을 거슬러 과거로 여행하는 전혀 다른 방법을 발명하지 않는 한, 당신이 떠난 과거의 장소와 시간으로 되돌아가는 것은 불가능하다. 시간 지연을 통한 미래 여행은 시간의 화살을 뒤집는 것이 아니라, 빨리 감기 버튼을 눌러서 미래에 더 빨리 도달하는 것일 뿐이다. 시간 지연으로는 반대 방향으로 갈 수 없다. 먼 미래를 보고 싶다면 충분히 감수할 수 있는 대가라고 생각하는 사람들도 있을 것이다. 만약 당신이라면 그렇게 하겠는가?

7장

발이 머리보다 젊다?

중력 시간 지연과
사건의 지평선

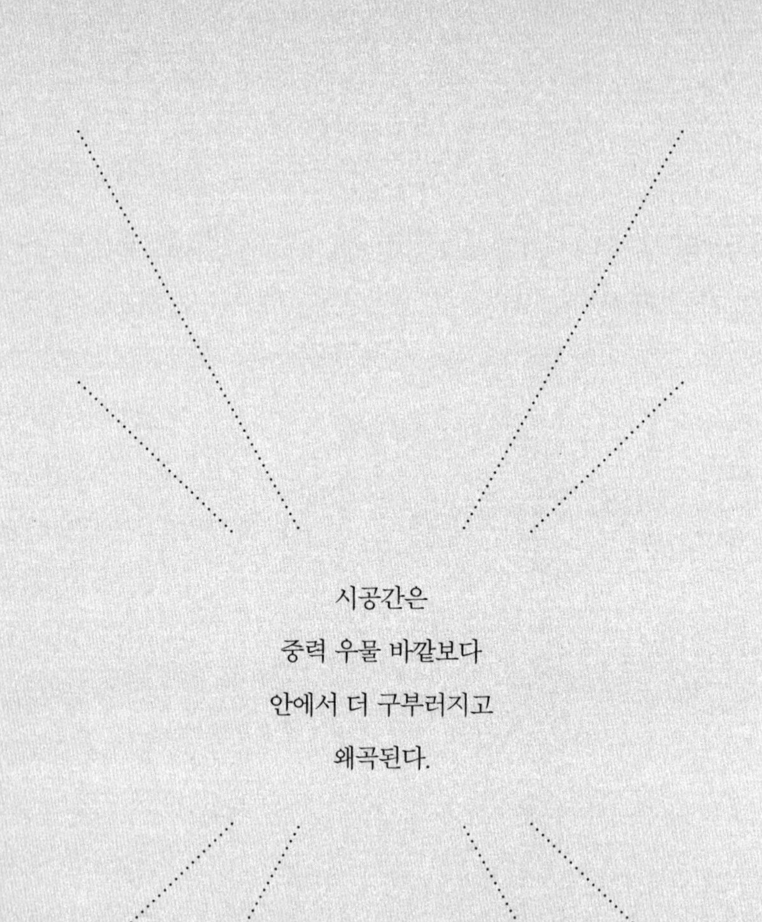

시공간은

중력 우물 바깥보다

안에서 더 구부러지고

왜곡된다.

영국의 SF 드라마 시리즈 〈닥터 후Doctor who〉(외계로부터 지구를 지키기 위해 싸우는 닥터의 시간여행 이야기)에서 12대 닥터는 자신의 삶이 끝나갈 무렵, 가장 신비한 우주선에 탑승하게 된다. 타임 로드(드라마에 등장하는 외계 종족. 닥터도 이 종족에 속한다)와 그의 동료들은 우주선에서 고독한 승무원을 만나게 되는데, 그 승무원은 크기가 640km에 달하는 이 우주선이 블랙홀의 중력의 굴레에 갇혔다고 말한다. 그의 동료 몇몇은 블랙홀의 손아귀에서 벗어나기 위해 엔진을 반대로 돌리러 갔지만, 그 후로 볼 수 없었다.

그런데 재빨리 생명체를 스캔해보니 이틀 전만 해도 50명밖에 없던 우주선에 지금은 수천 명이 탑승 중인 것으로 나온다. 침공자들이 이미 난파한 우주선을 납치한 게 아닐까? 그렇지 않다. 이곳에는 빠른 속도 때문에 발생하는 시간 지연과는 또 다른 형태의 시간 지연이 작동하고 있다. 중력이 시간이 흐르는 속도에 영향을 주어 사람들이 정말 '새로' 생겨난 것이다. 우주선에 나타난 새로운 사람들은 기존 탑승객들의 후손이다. 비교적 블랙홀의 중심부에 있었던 승객들에게는 며칠 정도가 지났겠지만, 우주선의 반대쪽 끝은 1,000년이나 흘렀기 때문에 벌어진 일이다.

중력에 의한 시간 지연

중력에 의한 시간 지연을 이해하려면 앞서 5장에서 살펴보았던 침대 시트와 볼링공 비유로 돌아가야 한다. 침대 시트는 우주를 촘촘하게 엮고 있는 시공간을 상징한다. 태양과 같은 거대한 물체를 상징하는 볼링공을 가운데 놓아보면, 시트의 가운데 부분이 움푹 들어간다. 물리학자들은 이를 중력 우물gravitational well이라 한다. 시공간은 중력 우물 바깥보다 안에서 더 구부러지고 왜곡된다.

위아래 2개의 거울 사이에서 반사되는 광선으로 만들어진 시계가 있다고 상상해보자. 이 시계는 빛이 거울에 닿을 때마다 똑딱거린다. 중력 우물 바깥에서는 빛이 단순히 위의 거울과 아래에 있는 거울 사이에서 직선으로 반사되지만, 우물 안으로 깊이 들어갈수록 거울 사이의 시공간은 더 휘어진다. 이때 빛은 곡선 경로를 따라가기 때문에 거울 사이를 이동하는 데 시간이 더 오래 걸리고 '똑딱' 소리의 간격이 늘어난다. 따라서 우물 안에 있는 사람에게는 시계의 똑딱거림이 덜 자주 들린다. 시계의 똑딱거림을 더 많이 들은 우물 밖에 있는 사람에 비해 시간이 덜 흘렀다고 할 수 있다. 앞에서 묘사한 〈닥터 후〉의 장면에서는 우주선의 한쪽 끝이 다른 쪽보다 블랙홀의 중력 우물 안으로 훨씬 더 깊이 들어가 있었기 때문에 시간이 극적으로 다른 속도로 흘러갔다.

이 같은 효과는 현실 세계에서는 꽤 기괴한 결과를 낳기도 한다. 우리의 발은 일반적으로 얼굴보다 지면에 더 가깝다. 즉, 발은 얼굴보다 지구의 중력 우물 안쪽 깊이 있다. 발목의 시간은 우리 눈에 비해 더 느리게 흐른다. 우리의 발가락은 시간여행을 하고 있다. 사람의 평균 수명을 80년이라고 하면, 우리의 혀는 발가락보다 50만 분의 1초 정도 미래에 먼저 닿게 된다. 머리도 키에 따라 다른 속도로 미래로 여행하고 있다. 다른 모든 조건이 동일하다면, 키가 180cm인 사람의 두뇌는 키가 150cm인 사람의 두뇌보다 더 빨리 미래에 도달한다.

우리가 사는 지역은 훨씬 더 큰 차이를 만든다. 안데스산맥 해발 5,000m에 위치한 페루의 '라 링코나다La Rinconada'는 사람이 사는 도시 중 세계에서 가장 높은 곳이다. 지구의 중력 우물에서 조금 더 멀리 떨어진 이곳에서 80년을 살았다면, 일반 해수면 높이에서 살았던 사람보다 0.0025초 더 늙게 된다. 물리학자들은 실험실의 더 높은 선반에 보관된 원자시계가 30cm 낮은 선반에 있던 다른 시계보다 더 빨리 똑딱거리는 것을 보여주기도 했다.

이와 같은 중력 시간 지연은 일반적으로 지상에

서 2만 km 높이의 궤도를 도는 GPS 위성에도 영향을 미친다. 지구의 중력 우물에서 이 정도로 높이 올라가면, 시간은 매일 4,500만 분의 1초씩 더 빨리 지나간다. 그러나 위성에 있는 원자시계를 정확하게 고치려면 앞서 말한 속도에 의한 시간 지연까지 모두 고려해야 한다. 원자시계는 위성의 이동 속도에 의해 매일 700만 분의 1초씩 느리게 가기 때문이다. 따라서 GPS 시계를 지상 기반 시계와 일치시키려면 하루에 3,800만 분의 1초씩 변경해야 한다(45-7=38). 위성의 높이에서는 중력에 의한 시간 지연이 속도로 인한 시간 지연보다 효과가 더 크다. 반면 400km 정도밖에 되지 않는 높이에서 더 빠른 속도로 이동하고 있는 국제 우주 정거장에 탑승한 우주비행사들의 경우는 그 반대로, 속도에 의한 시간 지연이 중력에 의한 시간 지연보다 더 크게 작용한다.

훨씬 더 깊은 중력 우물을 찾는다면?

겐나디 파달카가 했던 아주 짧은 시간여행 같은 이 정도 수준의 시간 지연은 누구의 세계도 뒤흔들지는 못하겠지만, 적어도 우리에게 시간이 가변적이라는 사실을 일깨워줄 수는 있다. 시간은 상황에 따라 구부러지기도 하고 모양이 바뀌기도 한다. 지난 장에서 우리는 더 흥미로운 시간여행을 하기 위해서는 훨씬 더 빠른 속도로 여행해야 한다고 배웠다. 이번에는 훨씬 더 깊은 중력 우물을 찾아야 한다는 사실을 알게 되었을 것이다.

그럼 목성 정도면 어떨까? 목성은 태양계에서 가장 큰 행성이며 지구보다 약 2.5배 강한 중력장을 가지고 있다. 아쉽게도 그마저도 시간을 늦추는 데 별로 도움이 되지 않는다. 인간의 평균 수명 동안 1분도 안 되는 차이가 날 뿐이다. 〈닥터 후〉에도 등장하듯이, SF 작가들이 블랙홀을 단골 소재로 사용하는 이유다. 가장 큰 블랙홀은 지구보다 1,000조 배나 무

겹고, 이로 인한 깊은 중력 우물은 SF에 필요한 유의미한 시간 지연을 제공한다.

아마도 이와 관련한 가장 유명한 예시는 2014년에 개봉된 크리스토퍼 놀란 감독의 블록버스터 영화 〈인터스텔라〉일 것이다(혹시 아직 이 영화를 보지 않았고 스포일러를 피하고 싶다면 다음 단락으로 건너뛰기를 권장한다). 〈인터스텔라〉는 지구에서 인류의 존재가 위협받는 디스토피아적 미래를 배경으로 한다. 매튜 맥커너히가 연기한 인터스텔라의 주인공 쿠퍼는 우주비행사 팀을 이끌고 인류의 새 터전을 찾아 떠난다. 그들은 그곳에 가기 위해 공간을 통과하는 지름길인 '웜홀wormhole'을 이용한다(웜홀에 대해서는 9장에서 설명하겠다). 그들은 거대 블랙홀 가까이에 있는 '가르강튀아'라는 먼 은하에 도착하는데, 인류가 살기에 적합할 만한 후보 행성 몇몇이 블랙홀의 궤도를 돌고 있는 것을 발견한다. 우주비행사들이 가르강튀아의 중력 우물 깊숙이 들어가 한 행성에서 1시간을 보내는 동안 지구에서는 7년이 흐른다. 쿠퍼는 결국 가족과의 재회에 성공하지만, 그가 떠날 때 10살이었던 딸은 이제 그보다도 나이가 많아졌다.

이게 실제로도 가능할까? 우리은하의 중심에는 '궁수자리 A*(A-star라고 읽음)'라는 초거대 질량 블랙홀이 있다. 〈인터스텔라〉의 가르강튀아보다 약 25배 덜 무겁지만, 지구보다는 거의 3조 배 더 무겁다. 아주 깊은 중력 우물이 있다고 해도 과언이 아니다. 블랙홀의 가장자리에서 10km 떨어진 곳에서 6년 반을 보낸다면 지구에서는 7,000년이 흐르게 될 것이다. 지난 장에서 10년 동안 빛의 99.9999%의 속력으로 우주를 빙빙 돌면 미래로 여행할 수 있다고 했던 것과 같다. 문제는 블랙홀의 중력에서 벗어나 집으로 돌아가려면 빛의 속도에 매우 가깝게 여행해야 한다는 것이다.

블랙홀 시간여행에서 주의할 점

만약 우리의 최대 속도가 빛의 속도의 절반만이라도 빨라질 수 있다면, 블랙홀의 5,000만 km 이내(수성과 태양의 거리보다 약간 더 가까운 거리)에 도달할 수 있으며, 거기서 탈출하는 것도 가능하다. 이곳에서 87일을 보낸다면 지구에서는 100일이 지난다. 10년 후의 미래로 건너뛰려면 67년을 기다려야 한다(지구에서는 77년이 지났을 것이다). 미래로의 상당한 시간여행은 분명히 가능하지만, 확실히 쉽지는 않다. 게다가 블랙홀까지 갔다가 돌아오는 여정이 왕복 5만 5,000광년이라는 또 다른 문제도 있다.

게다가 블랙홀을 이용한 시간여행은 위험하다. 상황을 잘못 판단하고 〈닥터 후〉의 승무원처럼 블랙홀에 너무 가까이 다가가면 어떻게 될까? 블랙홀의 가장자리를 사건의 지평선이라고 하는데, 사건의 지평선을 건너면 블랙홀에서 탈출하기 위해 도달해야 하는 속도가 빛의 속도를 초과한다. 우주에서 빛보다 빠른 것은 없으므로 탈출이 불가능하다는 의미다. 먼 미래를 볼 수 있지만, 다시는 집으로 돌아갈 수 없는 대가를 치러야 한다.

사건의 지평선을 넘는 순간, 당사자는 특별한 일이 일어나는 것을 눈치채지 못하겠지만, 밖에서 그의 불행한 임무를 지켜보고 있는 사람에게는 그가 돌아올 수 없는 지점에 가까워질수록 그의 시간이 더 느리게 흐르는 것처럼 보일 것이다. 사건의 지평선에 도달하면 외부에서는 그 모습이 마치 시간이 멈춘 것처럼 보인다. 그의 이미지는 사건의 지평선에서 정지된 프레임으로 나타나며, 그렇게 그의 마지막 운명을 담은 초상화는 서서히 사라지게 된다.

사건의 지평선을 넘었다고 해서 실제로 시간이 멈추는 것은 아니다. 블랙홀에서 멀리 떨어진 관찰자에게 그렇게 보일 뿐이다. 만약에 당신이 사건의 지평선 너머로 가게 된다면, 어떤 빛도 관찰자에게 도달할 수 없기 때문에 관찰자는 더 이상 당신을 볼 수 없을 것이다. 그러나 당신의 입장에서는 시간이 정상적으로 흐르고 있다. 곧 설명하겠지만, 시간을 정말 완전히 멈추게 할 수 있는지 아닌지는 블랙홀의 중심에 무엇이 있느냐에 달려 있다.

8장

언젠가 시간이 멈출지도 모른다

블랙홀과 특이점

모든 블랙홀은 시간의 종말을 가져온다.

특이점에 도달한 모든 물체는

우주에서 바로 없어진다.

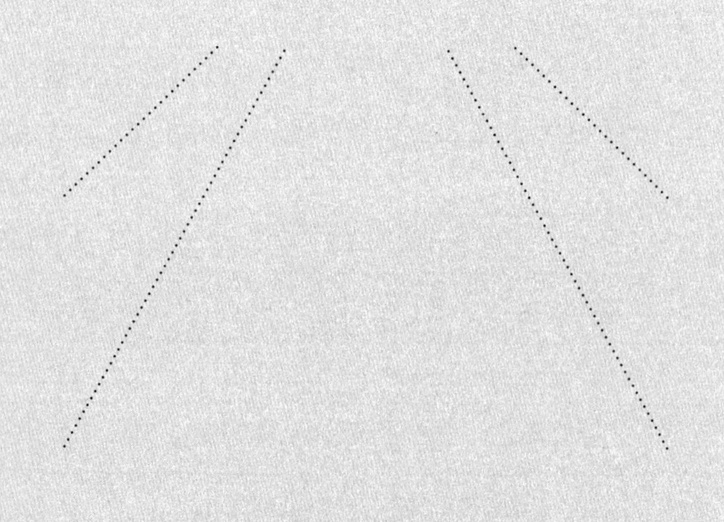

존 휠러John Wheeler는 1944년 여름에 그의 형제 조에게 엽서 한 장을 받았다. 뒷면에는 '서둘러'라는 한 마디만 휘갈겨져 있었다.

조는 제2차 세계대전 중 이탈리아에서 싸우고 있었고, 휠러는 유명한 맨해튼 프로젝트의 일환으로 로스앨러모스에서 원자폭탄을 개발하고 있었다. 폭탄 개발은 비밀리에 진행되는 프로젝트였지만, 전쟁 이전 휠러의 핵물리학 연구 배경을 알고 있었던 조는 그가 무엇을 하는지 짐작할 수 있었다. 조는 그러한 파괴적인 무기가 전쟁을 끝낼 수 있는 잠재력을 지니고 있다고 보았기에 휠러에게 개발을 부추긴 것이다. 폭탄은 그 후로 1년 동안 완성되지 못했고, 조는 1944년 10월 전투에서 사망했다. 휠러는 형제의 죽음을 끝까지 온전히 받아들이지 못했다.

전쟁이 끝난 후 휠러는 프린스턴대학교로 돌아와

서 아인슈타인의 동료이자 협력자가 되었다. 그는 아인슈타인의 일반 상대성이론 연구를 이어나갔다. 그때까지도 큰 관심을 받지 못하고 있던 일반 상대성이론을 최초로 대학원 과정에서 가르치기도 했다.

휠러와 그의 제자들은 1939년 9월 1일, 독일이 폴란드를 침공했던 바로 그날 발표된 한 논문에 주목했다. 당시 그 논문은 이어진 전쟁으로 인해 주목받지 못했다. '연속적인 중력 수축에 관하여On Continued Gravitational Contraction'라는 제목의 이 논문은 원자폭탄의 아버지이자 로스앨러모스에서 휠러의 동료였던 로버트 오펜하이머Robert Oppenheimer가 공동 저술했다. 휠러가 나중에 '블랙홀'이라고 부르게 될 물체의 형성에 대해 기술한 최초의 과학 논문이었다.✦

✦ 흥미롭게도 같은 저널에는 휠러가 공동 저술한 '핵분열의 매커니즘The Mechanism of Nuclear Fission'이라는 제목의 논문도 실려 있었다. 이 논문에 설명된 물리학적 원리를 바탕으로 나중에 오펜하이머가 원자폭탄을 만들게 되었다. 전쟁을 끝낼 수 있도록 해준 지식이 전쟁이 시작된 날에 발표되었다고 할 수 있다.

블랙홀은 시간의 종말을 가져온다

만약 당신이 안타까운 실수로 블랙홀의 '사건의 지평선' 너머로 뛰어들게 된다면, 어떤 일이 벌어질까? 이것이 휠러와 그의 제자가 찾으려 했던 답이다. 예를 들어 발부터 내디뎠다면, 발가락이 머리보다 블랙홀의 중력에 의해 더 세게 잡아당겨지게 될 것이다. 이는 지구의 중력에도 적용되지만, 단지 그 차이가 아주 작을 뿐이다. 하지만 블랙홀 안이라면 그 차이는 충분히 유의미해진다. 당신은 인간 스파게티 면처럼 아주 길고 가늘게 늘어나게 될 것이다. 농담이 아니라 이 현상을 실제로 '국수 효과' 또는 '스파게티화'라고 한다. 스파게티 면처럼 길어진 당신의 몸은 블랙홀의 크기에 따라 100분의 1초에서 하루 정도 사이에 블랙홀의 중심에 도달한다.

그렇다면 그렇게 도착하게 될 블랙홀의 중심이란 정확히 어디일까? 블랙홀의 중심에는 무엇이 있고 그곳에서 시간은 어떻게 될까?

이에 대한 답을 얻으려면 먼저 블랙홀이 어떻게 형성되는지 이해해야 한다. 오펜하이머가 1939년에 말했듯이, 블랙홀은 지속적인 중력 수축으로 만들어진다. 젊은 별(항성)은 별을 무너뜨리려는 무자비한 중력과 그 반대 방향으로 맞서고 있는, 중심핵에서 생성되고 방출되는 별빛 사이의 섬세한 균형으로 존재한다. 별은 언젠가는 결국 비축된 연료를 모두 소진하고 빛을 내는 것을 중단할 것이다. 그러면 중력이 이기고 별은 무너진다. 이것은 일반적으로 항성 물질이 매우 조밀한 물체로 수축되는 결과를 낳는다.

예를 들어 중성자별(중형 별이 붕괴한 결과물)은 도시 하나 정도의 크기이지만, 거기에는 별 하나의 절반 정도에 해당하는 양의 물질이 들어 있다. 중성자별에 있는 물질 한 숟갈의 무게는 에베레스트산보다 더 무겁고, 지금까지 살았던 모든 인간의 질량을 다 합쳐도 100배만큼이나 더 무겁다. 중성자별의 깊은 중력 우물 속에서 무사히 밖으로 빠져나오려면 빛의 속도의 절반에 가깝게 빨리 여행해야 한다.

그보다 더 무거운, 예컨대 태양 질량의 30배가 넘는 무거운 별의 경우 중성자별에서 그치지 않고 계속 붕괴된다. 이때는 중력 우물이 너무 깊어져서, 탈출하기 위해 도달해야 하는 속도가 빛의 속도를 초과한다. 이게 바로 우주의 함정인 블랙홀이다. 별은 '특이점singularity'이라는 무한히 작고 조밀한 점으로 계속 수축한다. 아인슈타인의 일반 상대성이론에 따르면, 작은 면적에 더 큰 질량이 있을수록 시공간이 더 크게 휘게 된다. 특이점에서 시공간은 무한히 작은 점으로 뭉쳐 있고, 공간과 시간에 대한 일반적인 개념은 존재하지 않는다.

휠러는 자서전 《기온, 블랙홀, 양자 거품Geons, Black Holes and Quantum Foam》에서 '모든 블랙홀은 시간의 종말을 가져온다. 특이점에 도달한 모든 물체(혹은 스파게티 형태가 되어버린 파편들)는 우주에서 바로 없어진다'라고 말했다.

양자물리학과 상대성이론의 충돌

'특이점'이라는 개념을 받아들이지 않는 물리학자들도 많다. 그들은 특이점이란 단지 인류가 아직 밝혀내지 못한 미지의 영역을 잠시 대체하는 이론 정도로 생각한다. 이런 견해를 가진 사람들은 그렇게 작은 규모에서는 시간과 공간이 무너지는 게 아니라, 오히려 일반 상대성이론이 붕괴한다고 주장한다. 문제는 위의 설명에는 양자물리학(원자와 아원자 입자를 지배하는 법칙)에 대한 언급이 없다는 것이다. 대부분 상황에서는 양자물리학과 상대성이론은 따로 분리해서 생각해도 문제가 없다. 거대한 행성이나 별을 이야기할 때는 양자 효과를 걱정할 필요가 없고, 작은 원자를 다룰 때는 중력과 시공간에 대해서는 생각하지 않아도 된다. 하지만 블랙홀을 논할 때는 이 경계가 희미해진다. 별의 크기에서 시작한 물질이 원자보다도 작은 공간으로 구겨 넣어진다. 블랙홀의 중심에서 시간은 어떻게 되는 건지 제대로 이해하려면 두 이론을 하나로 결합해야 하는데, 이를 보통 '양자 중력 quantum gravity' 이론이라고 부른다.

물론 그렇게 단순하게 해결될 수 있다면 참 좋겠지만, 양자물리학과 일반 상대성이론은 마치 파인애플과 피자처럼 잘 어울리지 않는 사이다. 성가신 방정식들이 잘 섞이도록 하기 위해 수많은 물리학자가 수십 년 동안 노력해왔다. 두 이론을 양자 중력 이론으로 조화롭게 통합하는 일은 물리학계에서 전반적으로 가장 해결하고 싶어 하는 숙제인 동시에 가장 쉽지 않은 문제이기도 하다.

두 이론이 조화하기 어려운 원인의 핵심은 '매끄러움smoothness'에 대한 근본적인 불일치다. 일반 상대성이론에 따르면 시공간은 매끄럽고 연속적인 구조로 이루어져 있어야 한다. 반면 양자물리학은 모든 것은 비연속적인 덩어리들로 이루어져 있다고 말한다. 예컨대 빛은 광자라는 에너지 덩어리로 이루어져 있다(아인슈타인은 이 발견으로 노벨상을 받았다).

두 이론을 결합하는 것이 가능해야 하는 이유는

많다. 이 책은 양자물리학의 규칙을 따르는 원자로 이루어져 있지만, 이 책을 떨어뜨리면 일반 상대성이론에서 설명한 대로 바닥에 떨어진다. 하나의 사건을 매번 두 가지 이론으로 설명해야 하는 건 이상한 일이다.

끈 이론 vs 루프 양자 중력 이론

두 이론을 결합하는 방법은 있지만, 항상 무언가를 추가해야 한다. 예를 들어 '끈 이론string theory'(TV 시트콤 〈빅뱅이론〉의 주인공 쉘던 쿠퍼의 연구 분야)은 우리가 경험하는 3개의 공간 차원과 1개의 시간 차원 외에도 많게는 7개의 차원을 추가한다. 우리가 이 차원들을 알아차리지 못하는 이유는 (편리하게도) 너무 작기 때문이라고 한다. 끈 이론의 가능한 버전도 엄청나게 많은데, 그 개수가 '1' 다음에 무려 500개의 0이 붙을 정도로 크다. 참고로 관찰 가능한 우주 전체 안에 있는 모든 원자의 수를 다 세어도 '1' 뒤에 0이 80개'밖에' 붙지 않는다. 이렇게 무수히 많은 끈 이론의 버전 중 어느 것이 우리 우주에 적용되는지 알 수 없다.

끈 이론의 라이벌 격인 '루프 양자 중력loop quantum gravity' 이론은 시공간은 매끄러운 천이 아니라 양자 세계의 모든 것과 마찬가지로 덩어리져 있다고 말한다. 시공간의 사진을 확대해서 가장 작은 규모로 볼 수 있다면, 이전 장에서 시공간을 비유한 침대 시트와 마찬가지로 일련의 '박음질'로 이루어져 있음을 알 수 있다. 아니면 컴퓨터 화면의 이미지를 떠올려보자. 겉보기에는 매끄러운 그림으로 보이지만, 확대해보면 실제로는 픽셀이라고 하는 작은 사각형으로 이루어져 있음을 알 수 있다. 스위스 유럽핵입자물리연구소CERN의 대형 강입자 충돌기Large Hadron Collider, LHC와 같은 원자 분쇄기는 점점 더 작은 규모를 조사하고 있지만, 지구에서 루프 양자 중력을 테스트하려면 LHC보다 1,000조 배 더 강력한 기계가 필요하다. 그 대신 우주가 이를 도울 수 있다. 시공간을 여행하여 우리에게 도달하는 별빛은 그 기본 구조의 영향을 받을 수 있다. 각 박음질의 효과는 매우 작지만, 빛이 오는 길에서 만나는 박음질의 개수가 워낙 많기 때문에 측정 가능한 무언가로 나타날 수도 있다.

문제는 이러한 추가적인 것들이 우주에 실제로 존재한다는 구체적인 증거가 아직 없다는 점이다. 만화 작가가 초능력을 가진 영웅의 이야기를 만들어내듯 물리학자들은 얼마든지 방정식을 써낼 수 있지만, 끈 이론이 스파이더맨보다 더 현실적이라고 장담할 수는 없다. 양자 중력 이론의 증거를 성공적으로 찾아내지 못하면, 블랙홀 속에서 시간이 정말로 멈추는지도 확실히 알 수 없다. 그렇다고 직접 답사하기 위해 누굴 보낼 수도 없는 일이다.

9장

과거로 시간여행 후 히틀러를 죽인다면 어떻게 될까?

웜홀과 타임머신

종이를 반으로 접으면 갑자기 목적지가
상당히 가까워진다. 종이의 양 끝을 연결하는
터널이 있다면 순식간에 갈 수도 있을 것이다.
웜홀이 바로 그 터널이다.

시간여행이라고 하면 대부분 과거로 여행하기를 원한다. 과거에 무슨 일이 일어났는지 알고 있기 때문에 더욱 가고 싶어 한다. 지루한 부분을 건너뛰고 다시 살아보고 싶은 순간을 선택할 수도 있을 것이다. 헨리 8세와 식사를 하거나 부디카의 술친구가 되고 싶을 수도 있다. 과거의 실수를 되돌리거나 헤어진 가족이나 친구를 보고 싶을 수도 있다. 흑사병이나 코로나19 같은 전염병 유행은 아마도 피하는 게 좋겠다. 미래로 여행하는 건 어둠 속 모험이나 마찬가지다. 어디로 갈지, 어떤 광경이 펼쳐질지 아무도 알 수 없으니 말이다.

과거로 시간여행을 하는 상상을 하다 보면 필연적으로 생각하게 되는 이름이 있다. 아돌프 히틀러다. 《뉴욕 타임스 매거진》은 2015년에 독자들에게 만약 과거로 돌아가 아기 히틀러를 죽일 수 있는 기회가

주어진다면, 그렇게 할 의향이 있는지 물었다. 42%의 사람들이 그렇게 하겠다고 답했고, 30%는 반대했으며, 나머지는 모르겠다고 답했다. 그런데 그게 가능하긴 한 일일까?

웜홀로 시간여행이 가능한 이유

다행히도 물리학자들은 시간을 거꾸로 여행하는 방법을 생각해냈다. 이 방법은 지금까지 알려진 물리법칙을 어기지 않는, 타임머신의 청사진이다. 우리에게 필요한 것은 그저 웜홀뿐이다. 영화 〈인터스텔라〉의 우주비행사들이 사용했고 존 휠러가 이름 붙인 바로 그 웜홀 말이다. 이 불가사의한 대상은 아직 이론에 불과하지만, 아인슈타인의 일반 상대성이론과 일치한다. 일반 상대성이론은 지금까지 모든 테스트를 통과했다. 5장에서 보았듯이 블랙홀도 한때는 말도 안 되는 대상으로 취급되었으나, 이제는 주류 과학계의 중심이 되었다.

웜홀을 머릿속으로 그려보고 싶다면 시공간을 평범한 종이 한 장에 비유해서 생각하는 게 가장 쉬울 것이다. 종이의 한쪽 끝에 지구가 있고, 태양 다음으로 가장 가까운 별인 프록시마 센타우리는 다른 쪽 끝에 있다고 상상해보자. 한쪽 끝에서 다른 쪽 끝까지 여행하려면 일반적으로는 종이의 길이만큼 횡단해야 한다. 이는 40조 km 또는 4.2광년의 거리다. 하지만 우리는 이전 장에서 시공간이 조작되고 휘어질 수 있음을 이미 보았다. 종이를 반으로 접으면 갑자기 목적지가 상당히 가까워진다. 종이의 양 끝을 연결하는 터널이 있다면 순식간에 갈 수도 있을 것이다. 웜홀이 바로 그 터널이다.

자, 이제 본격적으로 시간여행을 어떻게 할지 알아보자. 먼저 웜홀의 지구 쪽 끝을 로켓에 달아놓은 채로 빛의 속도로 우주 주위를 맴돌다가 5년여 만에 지구로 돌아온다. 그러면 지구에서는 5년 정도가 지났겠지만, 로켓의 속도 때문에 시간 지연이 일어나 웜홀의 시간은 더 느리게 흐르기 때문에(6장 참조) 웜홀의 반대쪽 끝에는 6개월 정도만이 흘러 있을 것이다. 따라서 지금 지구에서 웜홀 안으로 뛰어 들어가면 4.5년 전 프록시마 센타우리로 나오게 될 것이다. 자, 이제 당신은 성공적으로 과거로 여행했고, 당신의 이름은 역사책에 남을 것이다. 다만, 이런 시간여행은 혁명적인 업적일 수는 있겠지만 특별히 흥미롭지는 않을 수 있다.

시간을 여행하고 싶어 하는 사람들은 대부분 지구 역사의 한 지점으로 돌아가기를 원한다. 그것도 문제없다. 그저 또 다른 로켓을 타고 빛에 가까운 속도로 웜홀을 사용하지 않고 지구로 돌아오면 된다. 약 4.2광년의 거리를 여행하는 동안 지구에서는 4.2년 조금 넘는 시간이 경과할 것이다. 즉, 처음 지구를 떠나기 몇 달 전에 집에 도착하게 된다. 몇 달만 기다리면 과거의 자신이 웜홀에 뛰어들어 역사를 만드는 장면을 목격할 수 있다.

예를 들면 이렇다.

행동	지구 시간	프록시마 센타우리 시간
로켓을 웜홀의 지구 쪽에 고정한다	3000년 1월 1일	3000년 1월 1일
웜홀을 로켓에 단 채로 우주를 빙글빙글 돌고 나서 지구로 돌아온다	3005년 1월 10일	3000년 7월 2일 (시간 지연 효과)
웜홀의 지구 쪽 입구로 들어간다	**3005년 1월 10일**	3000년 7월 2일
프록시마 센타우리에서 지구로 이동한다	-	3000년 7월 2일
지구에 도착한다	**3004년 10월 5일**	-

이런 종류의 타임머신을 사용할 때 주의할 점이 있다. 사용자는 처음 타임머신을 만들기 시작하기 전의 시점으로는 돌아갈 수 없다. 웜홀의 반대쪽에 있는 시간은 항상 웜홀을 로켓에 고정한 후(하지만 웜홀에

뛰어들기는 전)다. 따라서 아직 타임머신을 만들지 못했기 때문에 우리가 과거의 히틀러를 죽이거나, 헨리 8세와 연회를 벌이거나, 부디카와 파티를 즐기는 건 불가능하다. 물론 만약 우주의 다른 외계 문명이 이러한 사건들이 일어나기 전에 이미 웜홀 타임머신을 설치하기 시작했다면 가능하다.

타임머신과 관련된 역설들

과거로의 시간여행은 이론적으로 가능하기는 하지만 물리학자들을 불편하게 만드는 역설적인 상황들을 발생시킨다. 만약 당신이 타임머신을 타고 지구를 떠나 몇 달 전으로 돌아온 후, 총을 사서 과거의 자신이 웜홀에 뛰어들기 전에 총을 쏘면 어떻게 될까? 과거의 자신이 죽었다면 타임머신을 사용할 수 없었을 것이다. 그렇다면 누가 과거로 여행해서 총을 사서 쏘았던 걸까?

이 이상한 상황은 종종 '할아버지 역설'이라는 이름으로 불린다. 당신이 시간을 거슬러 올라가 어린 시절의 할아버지를 죽인다면, 당신은 결코 태어나지 못했을 것이고, 그를 죽이기 위해 시간여행을 하는 것도 당연히 불가능할 것이다. 이것은 영화 〈백 투 더 퓨처〉에 잘 설명되어 있다. 주인공 마티 맥플라이의 어머니는 고등학교 무도회에서 시간여행을 간 마티에게 반하게 된다. 이로 인해 그녀가 마티의 아버지와 사귀지 않게 되는데, 그러면 마티가 태어날 수 없기 때문에 마티는 점점 사라지기 시작한다. 다행히도 마티는 시간여행의 논리로 인해 사라지기 전에 상황을 바로잡는 데 성공한다.

그렇다면 다시 처음 이야기했던 문제로 돌아가보자. 타임머신을 타고 과거로 돌아가 정의의 이름으로 아기 히틀러를 죽일 수 있을까? 어린 시절의 히틀러를 처형하면 그는 더 이상 나치의 지도자가 될 수 없다. 우리의 계획대로다. 하지만 그러면 히틀러는 그런 끔찍한 일들을 할 수 없게 되고, 우리는 학교에서 그에 대해 배우지 않게 되므로 시간을 거슬러 올라가 그를 죽이겠다는 생각을 할 수 없다. 어느 평범한 오스트리아 소년을 쏠 이유가 있겠는가? 할아버지와 히틀러의 경우 모두, 당신이 그 자리에 있는 것이 가능하기 위해서는 암살 시도 자체가 실패로 돌아가야 한다. 누군가가 근처에서 재채기를 해서 조준에 실패하거나, 총탄이 걸려서 발사되지 않았다거나 하는 식으로 말이다.

이는 러시아 물리학자인 이고리 노비코프Igor Novikov의 이름을 따서 '노비코프의 자기 일관성 원칙Novikov self-consistency principle'으로 불린다. 역설을 일으키는 행동은 일어날 수 없다는 원리다. 문제는 이 원칙에 따르면 우리의 미래는 모두 예정되어 있고, 자유 의지는 없는 것이나 마찬가지다. 이 원칙에 따르면 우리가 아무리 히틀러를 죽이려 해도 죽일 수 없다.

소위 '예정 역설predestination paradox'도 우리의 자유 의지에 의문을 제기한다. 만약 당신의 집에 불이

나서 화재의 원인을 알아내기 위해 과거로 가서 조사하고 있다고 가정해보자. 그런데 조사를 하던 도중 당신은 실수로 촛대를 넘어뜨려 커튼을 불태웠다. 놀라서 안전한 곳으로 대피하다가 불현듯 무언가 깨닫게 된다. 바로 당신 자신이 그 화재의 원인이었다는 사실이다. 촛대를 넘어뜨리지 않으면 화재가 발생하지 않고, 그러면 화재의 원인을 조사하러 시간을 거슬러 올라갈 수도 없다. 따라서 당신은 그 촛대를 반드시 넘어뜨려야만 하는 운명이었다. 미래는 정해져 있고 그것을 막기 위해 당신이 할 수 있는 일은 전혀 없다. 그렇지 않으면 과거로의 시간여행은 불가능해진다. 둘 다 가질 수는 없다.

그뿐만이 아니다. '부트스트랩 역설bootstrap paradox'은 또 다른 문제를 더한다. 당신이 아인슈타인의 일반 상대성이론 연구의 사본을 가지고 1900년대로 돌아가서 아인슈타인의 사인을 받고 싶다고 하자. 아인슈타인의 일반 상대성이론은 1915년에 출판되었다. 당신이 가져온 연구를 본 아인슈타인은 깊은 인상을 받아 당신에게서 사본을 훔쳐 15년 후에 발표했다. 그렇다면 그 이론을 실제로 생각해낸 건 누구일까? 아인슈타인은 당신에게서 그 아이디어를 얻었고, 당신은 아인슈타인에게서 그 자료를 얻었다. 〈닥터 후〉에서 데이비드 테넌트가 연기한 닥터가 시간을 '이리저리 흔들리는 큰 공 같은 것'이라고 표현한 것도 놀랍지 않다.✦

그리고 정말로 최초의 타임머신을 만든 발명가가 되고 싶은지도 매우 신중하게 생각해야 한다. 타임머신을 한번 만들면 파괴되거나 부서지지 않는 한 미래의 모든 시간에 타임머신이 존재할 것이다. 아마도 수많은 사람이 타임머신을 사용하여 과거로 돌아가 최초의 타임머신을 만든 발명가를 만나고 싶어 할 것이다. 전원을 켜는 순간 미래에서 온 시간여행 관광객들에게 둘러싸일 수도 있다. 사인과 사진 요청이

✦ 시간여행 역설의 극단을 경험하고 싶다면 로버트 하인라인의 단편소설 〈너희 모든 좀비는All You Zombies〉을 추천한다.

쇄도해서 타임머신을 사용할 시간조차 없을 수 있다. 도저히 견디지 못해 스스로 타임머신을 부숴버리고 싶을지도 모르겠다. 타임머신을 꼭 발명하고 싶다면 두 번째 발명자가 되는 걸 추천한다.

10장

어쩌면 시간은 존재하지 않는 것일지도 모른다

블록 우주와
시간의 존재

오직 '현재'만이 실재한다는
우리의 확고한 인식은 잘못된 것이다.
우주에는 이미 일어난 모든 것과
앞으로 일어날 모든 것이 포함되어 있다.

이탈리아의 엔지니어 미셸 베소Michele Besso는 알베르트 아인슈타인의 가장 친한 친구였다. 그들은 취리히에서 함께 학교를 다녔다. 잘 알려진 것처럼 아인슈타인은 베른에 있는 특허 사무소에서 일했는데, 이 일자리를 얻을 수 있도록 도와준 사람이 베소였다. 아인슈타인이 혁명적인 상대성이론을 정리할 때 친절히 귀 기울여 준 사람도 그였다. 아인슈타인은 1955년에 베소가 죽고 한 달 뒤에 사망했다. 아인슈타인이 쓴 마지막 편지 중 하나는 슬픔에 잠긴 베소의 가족에게 보낸 편지였다. 아인슈타인은 그들에게 약간의 위안이라도 주기 위해 이렇게 썼다.

그는 이 이상한 세상을 저보다 조금 먼저 떠났습니다. 아무 의미 없습니다. 물리학을 믿는 우리 같은 사람들은 과거, 현재, 미래의 구분이 단지 완고하게 끈질긴 환상

에 불과하다는 것을 알고 있습니다.✦

아인슈타인이 어떤 의미로 이런 이야기를 했는지 이해하려면 이 간단한 질문 하나를 스스로에게 하면 된다. '내일은 어디에서 오는 걸까?' 우리가 이미 다양한 방식으로 확인한 것처럼 아인슈타인의 이론은 우주가 아주 커다란 시공간의 덩어리라는 것을 말해준다. 현존하는 최고의 이론에 따르면, 빅뱅은 모든 공간과 시간을 창조했다(2장 참조). 더 많은 시공간을 만들 수 있는 프로세스는 없다. 더 많은 시간을 만들 수 없다는 건, 내일이 아직 존재하지 않는다고 말할 수 없다는 뜻이기도 하다. 즉, 내일은 이미 존재해야 한다. 마찬가지로 과거는 마법처럼 사라질 수 없다. 만약 그렇다면 시공간은 우주에서 끊임없이 제거되어야 할 것이다.

✦ William J. Hoye, The Emergence of Eternal Life, Cambridge: Cambridge University Press, 2013, p. 187.

길게 뻗은 길을 따라 운전할 때를 생각해보자. 당신이 차를 몰고 접근한다고 해서 갑자기 그 순간에 도로가 나타나는 것은 아니다. 또한 당신이 차를 몰고 지나가자마자 지나온 길이 사라지는 것도 아니다. 시간이 공간과 달라야 할 이유가 있을까? 아인슈타인도 시간과 공간은 동전의 양면이라고 말했다.

이렇게 추론하다 보면 과거, 현재, 미래가 모두 존재해야 한다는 놀라운 결론에 도달한다. 오직 '현재'만이 실재한다는 우리의 확고한 인식은 잘못된 것이다. 우주에는 이미 일어난 모든 것과 앞으로 일어날 모든 것이 포함되어 있다. 우리는 어딘가에서 태어나고 어딘가에서 죽어가고 있다. 또 다른 곳에서는 케네디 대통령이 총에 맞고 있고, 세계무역센터가 무너지고 있으며, 당신의 증손자들은 당신이 자동차를 직접 운전했다는 사실을 비웃고 있다. 지금까지 지구에 살았던 모든 사람과 앞으로 살게 될 모든 사람이 시공간의 다른 부분에서 공존하고 있다. 아인슈타인은 베소의 가족에게 매우 실제적인 방법으로 그가 아직 거기에 있다고 말함으로써 위로를 전하려 했던 것이다.

블록 우주, 시간은 흐르지 않는다

지금까지 설명한 이 개념을 '블록 우주block universe'라고 부른다. 이 개념은 당신을 매우 불편하게 만들 것이다. 우리가 시간을 경험해온 방식과 매우 상반되고 부딪치는 내용이기 때문이다. 머리가 혼란스러워지는 게 당연하다. 이유를 설명할 수는 없는데 왠지 틀린 것만 같이 느껴질 수도 있다. 하지만 어떤 면에서는 그렇게 거부감을 가질 필요가 없는 개념이기도 하다.

우리는 이미 우주 안에 현재 우리가 위치한 공간과 여러 다른 공간이 동시에 존재한다는 생각을 편히 받아들이고 있다. 우리가 지구에 있다고 해서 화성이 존재하지 않는 것은 아니다. 마찬가지로 시공간 안에

'내일'이라고 하는 구역은 이미 존재하고 있다. 다만 우리는 지금 '오늘'이라는 곳에 존재하고 있을 뿐이다. 두 사람이 서로 다른 공간에 서 있을 수 있고, 둘 다 자기 위치를 '여기'라고 부를 수 있다. 공간과 시간이 서로 얽혀 있다면, '여기'를 '지금'으로 바꾼다고 해서 달라질 이유가 있겠는가?

이 개념을 바라보는 또 다른 방법은 블록 우주를 하나의 책이라고 생각하는 것이다. 책의 결말은 이미 쓰여 있기 때문에 바깥에서 바라보면, 과거와 미래는 이미 모두 일어난 일이다. 책이라는 사물 자체는 콘크리트 블록처럼 정적이고 변하지 않는다. 다만 우리는 책 속에 갇혀 있으므로, 한 페이지씩 이동하면서 각각의 새로운 페이지, 즉 새로운 순간을 마지막 페이지와 비교하게 된다. 우리가 필연적으로 경험하게 되는 변화는 과거에서 현재, 현재에서 미래로 쉴 새 없이 흐르는 시간의 강이 우리를 이끌어가고 있다는 인상을 준다. 하지만 우리는 공간이 지나가거나 흐른다고 말하지 않는다. 시간도 마찬가지다. 시간의 흐름은 우리의 상상의 산물이다.

시간이 흐르는 것이 아니라 어제, 오늘, 내일이 시공간에 공존하고 있다는 것을 받아들일 수만 있다면, 이전 장에서 만난 이상한 개념을 더 잘 이해할 수 있을 것이다. 우리는 각자 우리가 얼마나 빨리 여행하느냐에 따라 시공간이라는 책을 통해 다른 길을 가고 있다. 만약 내가 당신보다 더 빠른 속도로 시공간을 여행한다면, 더 빨리 페이지를 넘겨서 더 빨리 마지막 페이지, 즉 미래에 도달할 것이다(시간 지연). 여행하는 속도의 차이가 클수록 우리의 시간 차이는 더욱 벌어진다. 페이지를 구부려서 앞 페이지와 교차하도록 만들 수도 있다(과거로 시간여행). 그러나 이미 책에 쓰인 내용을 바꿀 수는 없다. 따라서 히틀러나 할아버지의 어린 시절로 돌아가서 그들을 죽일 수도 없다.

보다 철학적인 관점에서 이야기하자면, 블록 우주 이론은 미래가 이미 저 너머에서 당신을 기다리고 있다고 말한다. 이 페이지를 읽음으로써 이 책의 끝을 바꿀 수 없는 것과 마찬가지로 당신은 당신의 이야기를 바꿀 수는 없다. 내일이 오늘 일어난 일에 의해 만들어지지 않는다면, 우리가 가지고 있는 '자유 의지'라는 개념은 시간의 흐름처럼 그저 신기루와 같은 환상에 불과하다. 미래는 이미 존재하고 변하지 않는다. 긍정적인 측면에서 생각하면, 잘못된 결정을 내린 것에 대해 스스로를 질책할 필요가 없다는 의미이기도 하다.

어차피 그 실수는 일어날 수밖에 없었고, 달갑지 않은 결과는 불가피했다. 누군가는 그것을 운명이라고 부를 수도 있다. 단점이라면, 미래를 개선하기 위해 할 수 있는 것이 아무것도 없는데 열심히 노력해서 무엇이든 성취하려고 애쓸 필요가 있을까? 개인적으로, 나라면 굳이 고생하지 않겠다. 어차피 이 책을 읽고 나서 갑자기 방향을 바꿀 수 있는 것도 아니다. 만약 그렇게 했다면, 당신은 애초에 그런 결정을 내리게 될 예정이었다. 이게 바로 '현실주의actualism'의 세계다. 실제로 일어난 일만이 유일하게 일어날 수 있었던 일이라는 개념이다. 오직 하나의 가능하고 예정된 미래만이 존재한다. 혹시 이 개념으로 실존주의적인 궁지에 몰려 혼란스러운가? 다행히 모든 물리학자와 철학자가 블록 우주의 시간 해석에 동의하는 것은 아니다. 하지만 현재 가장 널리 받아들여지고 있는 견해이기는 하다. 적어도 블록 우주 세계에서는 시간이라는 개념은 실제로 존재한다. 다만 시간의 흐름이 존재하지 않을 뿐이다. 일부 물리학자들은 더 나아가 시간을 완전히 없애고 싶어 한다.

시간은 존재하는가

우리는 8장에서 물리학자들이 현재 우주가 작동하는 방식을 설명하기 위해 두 가지 다른 이론을 사용한다는 걸 보았다. 아인슈타인의 일반 상대성이론은 중력과 매우 큰 물질들을 설명하는 반면, 양자물리학은 원자와 아주 작은 것들을 설명한다. 그렇다면 두 이론의 경계는 어느 지점에 있는 걸까? 존 휠러는 1965년 노스캐롤라이나의 롤리-더럼 국제공항에서 바로 이 질문에 대해 숙고하고 있었다. 그는 경유지에서 다음 비행을 기다리는 2시간 동안 동료 물리학자인 브라이스 드위트Bryce DeWitt와 이 주제를 논의했다. 그렇게 그들은 물리학의 전설처럼 여겨지는 양자 중력 방정식을 써내려 갔다. 당연히 이는 휠러-드위트 방정식이라고 불렸으며, 그 어디에도 시간에 대한 언급은 없었다.

일반 상대성이론이 뉴턴 물리학보다 더 근본적인 중력 이론인 것처럼, 양자 중력을 성공적으로 설명하는 이론이 만들어진다면 양자물리학이나 일반 상대성이론보다 더 근본적인 이론이 될 것이다. 그 누구도 상대성이론을 사용하여 탐사선을 화성에 보내지 않는다. 뉴턴 물리학이 충분히 근사치를 제공하기 때문이다. 중력은 실제로는 끌어당기는 힘은 아니지만 (중력은 구부러진 시공간의 결과다), 대부분의 경우 그런 식으로 상상하는 것이 합리적이다. 마찬가지로, 양자

물리학과 일반 상대성이론은 양자 중력에 대한 더 깊은 이론의 좋은 근사치가 될 것이다. 일부 물리학자들은 양자 중력에 대한 잠재적 방정식인 휠러-드위트 방정식이 시간을 완전히 배제하더라도 설명될 수 있다는 사실 때문에 시간이 실제로 존재하는지 의문을 제기했다. 그러나 뉴턴의 중력을 '끌어당기는 힘'이라고 가정하는 것처럼, 시간은 우리에게 유용한 환상이 될 수 있다.

그 이유가 궁금하다면 두 손가락을 손목에 대고 맥박을 측정해보자. 심장이 박동하며 혈액을 펌핑하는 것을 느낄 수 있다. 하지만 실제로는 '펌핑'은 전체적인 규모에서만 진행되고 있으며, 개별 심장 세포들은 펌핑하고 있지 않다. 우리가 '펌핑'이라고 부르는 현상은 수많은 세포가 조합되어 작동할 때만 나타난다. 물리학자들은 펌핑이 시스템의 근본적인 속성이 아니라 '창발적인emergent' 속성이라고 표현할 것이다. 만약 휠러-드위트 방정식이 정확하다면('만약'을 강조할 필요가 있다) 공간과 시간은 우리가 큰 규모에서만 경험할 수 있고, 더 깊은 수준에서는 실제로 전혀 존재하지 않는 창발적 효과가 될 수 있다.

외부에서 우주를 볼 수 있는 신과 같은 관찰자는 정적이고 불변하며 시간을 초월한 우주를 보게 될 것이다. 외부의 관찰자가 보기에 시간이란 우주 안에 갇힌 우리들의 이해를 위한 단순한 환상이라고 할 것이다. 시간이란 그저 우리 머릿속에만 존재했던 것으로 밝혀질 수도 있다. 아이러니하게도 이 모든 건 시간이 지나야 알 수 있을 것이다.

에필로그

시간여행 실험

미래의 시간여행자들에게

2020년 2월 26일, 저는 영국의 런던 브릭스턴의 리츠 시네마에서 시간여행에 관한 강연을 했습니다. 강연은 상영관 3에서 오후 6시 30분에서 8시 사이에 진행되었습니다. 만약 가능하다면, 시간여행이 실제로 어떤 것인지 말해주기 위해 참석해주면 정말 좋겠습니다. 제가 당신을 알아볼 수 있도록 빨간 우산과 햄 샌드위치를 들고, '룸펠슈틸츠헨Rumpelstiltskin' 이라는 단어를 말해주세요. 아, 그리고 이 책을 한 권을 가져오는 게 좋을 거예요. 2020년 5월이 되어서야 이 책의 집필 제의를 받았기 때문에 당신이 무슨 말을 하는지 전혀 모를 수도 있거든요. 책을 가져온다면 훔치지 않고 저의 힘만으로 출판하도록 노력하겠습니다.

물론 만약 블록 우주 이론이 맞다면, 이 책을 쓰기 전에 이미 일어난 일을 기억하고 있을 것입니다. 나는 처음부터 이 책을 쓸 운명이었고, 당신은 나를 만나기 위해 과거로 여행할 운명이었으니까요. 하지만 모르죠. 오늘 제가 하는 일이 미래를 바꿀지도요. 누군가가 이 초대장을 사용한다면, 이 글들을 입력하는 순간 제 기억은 시간여행자가 없는 세상에서 어떤 정체 모를 사람이 햄 샌드위치와 빨간 우산을 휘두르며 당황스럽게 '룸펠슈틸츠헨'을 제 귓가에 속삭이는 기억으로 즉시 바뀌겠지요.

그런 기억이 일어나지 않아서 안타깝네요. 아마 둘

중 하나겠지요. 인류는 앞으로도 영원히 과거로 시간 여행을 할 수 있는 방법을 발명하지 않았거나, 제가 당신의 타임머신을 사용할 가치가 없는 하찮은 사람이라고 판단했거나. 만약 후자라면 너무하시네요.

아무쪼록 안전한 여행 되시길 바랍니다.

2020년 10월

콜린 스튜어트

감사의 말

모든 책은 시간과 공간에 걸쳐 흩어져 있는 여러 사람의 협업 작품입니다. 그러니 먼저 항상 쉽지는 않았던 물리학을 충실히 공부해준 10대의 나 자신에게 감사하고 싶습니다. 수고했어, 미래의 네 모습에 꽤 만족할 거야. 제 아내 루스는 어려운 시기에 나의 닻이 되어주었고, 더 나은 시기에는 방향타가 되어주었습니다. 당신과 함께 시공간을 공유할 수 있어서 너무 좋아.

10살 아이의 무시무시한 지력을 보여준 조카 맥스에게도 감사의 말을 전합니다. 그는 내게 훌륭한 아이디어 주고받기 상대가 되어주었고, 내가 아는 그 어떤 어른보다도 더 빨리 '부트스트랩 역설'의 의미를 파악했습니다. 언젠가 타임머신을 만든다고 해도 놀랍지 않을 겁니다.

우리는 종종 무대 뒤에서 일하는 사람들의 수고를 잊어버릴 때가 있습니다. 여러분이 이 책을 읽을 수 있도록 도움을 준 제 편집자 루와 에이전트 제임스에게 감사드립니다.

그리고 마지막으로 독자 여러분께 감사드리고 싶습니다. 시간을 내어 시간에 대해 읽어주셔서 감사합니다. 이 책이 우주 속의 여러분의 위치를 조금 다르게 보는 계기가 되기를 바랍니다.

세계적인 과학 커뮤니케이터가 알려주는
시간에 대한 10가지 이야기
시간여행을 위한 최소한의 물리학

초판 1쇄 발행 2023년 12월 13일
초판 2쇄 발행 2024년 2월 7일

지은이 콜린 스튜어트
옮긴이 김노경
감수 지웅배
펴낸이 성의현
펴낸곳 (주)미래의창

책임편집 최소혜
디자인 공미향

출판 신고 2019년 10월 28일 제2019-000291호
주소 서울시 마포구 잔다리로 62-1 미래의창빌딩(서교동 376-15, 5층)
전화 070-8693-1719 **팩스** 0507-0301-1585
홈페이지 www.miraebook.co.kr
ISBN 979-11-93638-00-2 03420

※ 책값은 뒤표지에 있습니다.